全国技工院校公共课教材（中级）

数学

（第七版　下册）

MATHS

人力资源社会保障部教材办公室　组织编写

中国劳动社会保障出版社

简介

本书主要介绍数列基本知识，排列组合的概念和基本计算方法，概率基本知识，随机抽样、总体分布估计和总体特征值估计等统计方法，以及数组运算和图示、散点图数据拟合等数据信息处理方法。

为方便教学，本套教材配有教学参考书、习题册、电子教案（可下载）、示范微课（仅供在线观看）等教辅材料和教学资源。获取电子教案及观看示范微课的网址为 jg. class. com. cn。

本书由陶彩栋、朱文佳主编，徐娟珍、丁忠华、卞鑫参加编写。

图书在版编目(CIP)数据

数学. 下册/人力资源社会保障部教材办公室组织编写. -- 7 版. -- 北京：中国劳动社会保障出版社，2020

全国技工院校公共课教材. 中级

ISBN 978 - 7 - 5167 - 4390 - 4

Ⅰ. ①数… Ⅱ. ①人… Ⅲ. ①数学-技工学校-教材 Ⅳ. ①01

中国版本图书馆 CIP 数据核字(2020)第 090239 号

中国劳动社会保障出版社出版发行

（北京市惠新东街 1 号 邮政编码：100029）

*

保定市中画美凯印刷有限公司印刷装订 新华书店经销

787 毫米×960 毫米 16 开本 9.25 印张 174 千字

2020 年 7 月第 7 版 2024 年 5 月第12次印刷

定价：17.00 元

营销中心电话：400—606—6496

出版社网址：http://www.class.com.cn

http://jg.class.com.cn

前　言

本套教材以人力资源社会保障部办公厅印发的《技工院校数学课程标准》为依据，经充分调研和吸收一线教师的意见，在第六版教材的基础上编写而成。教材内容面向技能人才培养，反映职业教育特色，致力于为专业学习、岗位工作和职业发展打造良好的支撑平台。

一、划分专业类别，提供多样选择

为满足不同专业类别的需要，教材延续了“1+3”的架构方式（见下图）：上册为所有专业提供共同的数学基础；三种下册分别对应机械建筑类专业、电工电子类专业和一般专业，定向地为专业学习和岗位工作服务。

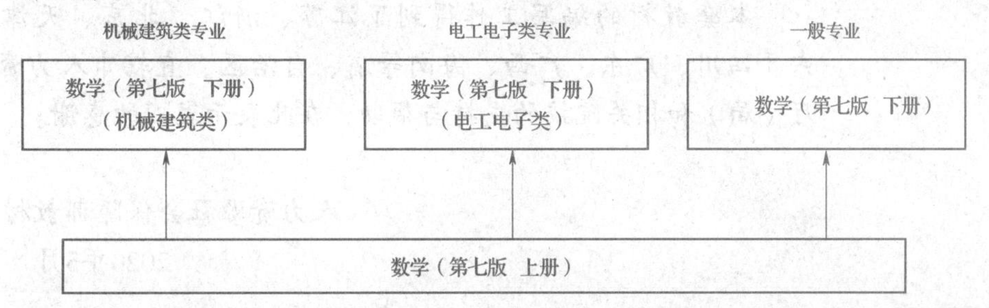

教材内容选取体现因材施教、分层教学的思想：一是保证中级技能人才培养的基本需求，主体内容以数学基础知识和数学基本技能为重；二是设置拓展内容，为后期对数学要求较高的专业留下教学空间；三是增加部分难度稍大的习题（题前加*号），供学有余力的学生进一步探索和提升能力之用。

二、传授思想方法，发展实践技能

思想方法是实践的基础。教材通过对实例、例题和习题的设计，为学生提供丰富的观察感知、空间想象、归纳类比、抽象概括、数据处理、运算求解、反思建构的机会，帮助学生建立数学思维，并逐步学会用之指导实践，为将来的学习和工作做好准备。

“做中学、学中做”是职业教育需秉持的理念。教材通过设置各种实践活动栏目，促使学生综合运用数学知识技能处理专业和生活中的问题，提高判断和解决实际问题的本领。此外，教材全面融入现代信息技术，引导学生在操作和探究中更直观、深入地理解数学知识，发展利用信息技术解决实际问题的基本技能。

三、遵循认知规律，传递科学精神

强调启发和互动是数学课需贯彻的教学思路。教材通过实例考察、例题解析和实践等环节，引导学生经历由具体到抽象、由抽象到抽象、由抽象到具体的过程，帮助学生深入体会知识与技能的获得和内化，构建合理认知结构，掌握有效学习方法，同时体验探索真理的乐趣和解决问题的成就感，形成自主学习意识。

传播数学文化是数学课承担的重要任务。教材通过专题阅读栏目，介绍数学发展历程和数学家克服万难、追求真理的事迹，展现数学对推动科技和社会发展的作用，促使学生养成实事求是、积极进取的态度，在职业生涯中能够锲而不舍实现理想，勇于创新力攀高峰。

本套教材的编写工作得到了江苏、浙江、北京、天津、河北、山东、四川、广东、广西、海南等省、自治区、直辖市人力资源社会保障厅（局）和相关院校的支持与帮助，在此表示衷心的感谢。

人力资源社会保障部教材办公室

2020年5月

目　录

Contents

目 录

第1章

数　列

图1-1

1915年，波兰数学家谢尔宾斯基创造了一件美妙的“艺术品”（图1-1），被人们称为谢尔宾斯基三角形. 我们将图中的白色三角形按照面积大小分类，数出各类三角形的数量. 面积最大的一类有1个，次大的有3个，再次大的有9个，……按照这一顺序，将各类三角形的数量列出，就可以得到一列数

$$1,\ 3,\ 9,\ 27,\ 81,\ \cdots$$

从1984年到2008年，我国体育健儿参加了七届奥运会，如果把各次参赛获得的金牌数依次排列起来，同样可以得到一列数

$$15,\ 5,\ 16,\ 16,\ 28,\ 32,\ 51$$

这种按照一定次序排成的一列数称为数列. 在本章，我们将学习数列的概念和简单的表示方法，重点研究两类常用的数列——等差数列和等比数列，并用这种方法来解决人们经常遇到的存款利息、购房贷款、资产折旧等实际计算问题.

数　列

知识框图

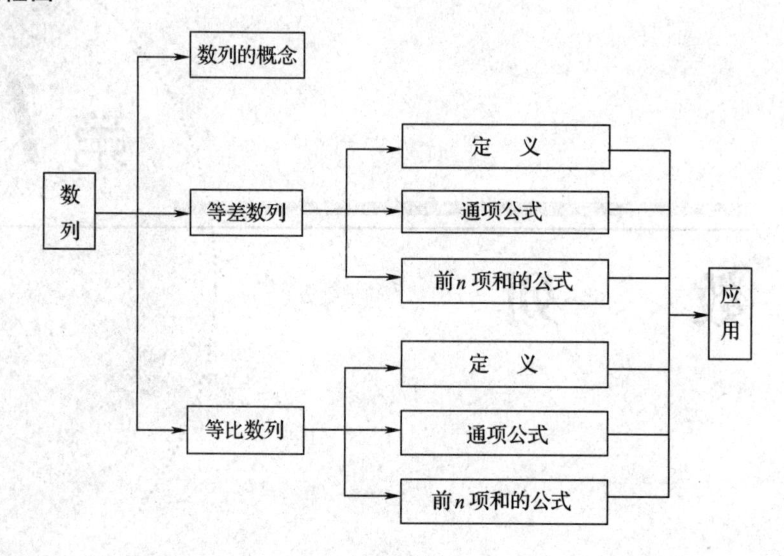

教学要求

1. 能通过生活实例，理解数列的含义，了解数列的项、通项公式、前 n 项和的概念.

2. 能通过日常生活中的实例，掌握等差数列的概念，并会运用等差数列的通项公式和前 n 项和公式.

3. 能通过日常生活中的实例，掌握等比数列的概念，并会运用等比数列的通项公式和前 n 项和公式.

4. 能在具体问题的情境中发现数列的等差或等比的关系，并能用有关知识解决相应的问题.

1.1 数列的基本知识

实例考察

在现实生活中，我们经常遇到按照一定的顺序排列而得到的一列数.

成　绩　上学期共进行了5次数学阶段测验，某位同学的测验成绩依次为

85，92，78，98，90　①

营业额　某小超市上周每天的营业额（单位：元）依次为

3 221，2 300，1 500，1 985，2 560，2 850，2 900　②

体　温　某人住院期间每天都要量取一次体温，以观察病情变化. 每天的体温（单位：℃）依次为

39.5，38.8，38.3，39，37.3，37　③

年　份　人们在1740年发现了一颗彗星，并根据天文学知识推算出这颗彗星每隔83年出现一次，那么从发现当年算起到现在，这颗彗星出现的年份依次为

1740，1823，1906，1989　④

数列的定义

在数学里，有些数可以按一定顺序排成一列，例如，

大于2且小于10的自然数从小到大排成一列数

3，4，5，6，7，8，9　⑤

1，2，3，4，5，6，7的倒数排成一列数

$$1，\frac{1}{2}，\frac{1}{3}，\frac{1}{4}，\frac{1}{5}，\frac{1}{6}，\frac{1}{7}$$　⑥

-1的1次幂，2次幂，3次幂，4次幂，……排成一列数

$-1，1，-1，1，\cdots$　⑦

无穷多个 2 排成一列数

$$2,\ 2,\ 2,\ 2,\ \cdots \qquad ⑧$$

像这样，按照一定次序排成的一列数称为**数列**．数列中的每一个数都称为这个数列的**项**．数列中的每一项都和它的序号有关，排在第一位的数称为这个数列的第一项，又称为**首项**，排在第二位的数称为这个数列的第二项，……，排在第 n 位的数称为这个数列的第 n 项，……

数列的一般形式可以写成

$$a_1,\ a_2,\ a_3,\ \cdots,\ a_n,\ \cdots$$

其中，a_n 是上述数列的第 n 项，n 就是 a_n 的序号．上述数列可以简记为$\{a_n\}$．

数列中的“项”与这一项的“序号”(有时也称项数)是两个不同的概念．例如数列⑤中，第 4 项是 6，这一项的序号是 4.

例如，在数列①中，$a_1=85$，$a_2=92$，$a_3=78$，$a_4=98$，$a_5=90$.

例　分别写出以下数列的首项与第 4 项．

(1) $-1,\ 0,\ 1,\ 2,\ 3,\ \cdots$

(2) $2,\ 2,\ 2,\ 2,\ \cdots$

(3) $\frac{1}{2},\ \frac{1}{4},\ \frac{1}{6},\ \frac{1}{8},\ \cdots$

解　(1) 这个数列的首项是-1，第 4 项是 2；

(2) 这个数列的首项是 2，第 4 项是 2；

(3) 这个数列的首项是$\frac{1}{2}$，第 4 项是$\frac{1}{8}$．

项数有限的数列称为**有穷数列**，项数无限的数列称为**无穷数列**．上面的例子中，数列①②③④⑤⑥是有穷数列，数列⑦⑧是无穷数列．

知识巩固 1

1. 数列 1，2，3，4 与数列 4，3，2，1 是同一个数列吗？为什么？

2. 请举出两个实际生活中数列的例子．

3. 有两列数：

(1) 1，1，1，1；

(2) 1，1，1，1，1，1，1，1.

它们是数列吗？如果是数列，这两个数列是否相同？为什么？

4.《庄子·天下》中提到“一尺之棰，日取其半，万世不竭”，那么每日所取棰长依次是多少？

数列的通项公式

并不是每个数列都有通项公式.

如果数列$\{a_n\}$的第n项a_n与序号n之间的关系可以用一个公式来表示，这个公式就称为这个数列的**通项公式**.

例如，数列⑥

$$1,\ \frac{1}{2},\ \frac{1}{3},\ \frac{1}{4},\ \frac{1}{5},\ \frac{1}{6},\ \frac{1}{7}$$

的通项公式是

$$a_n=\frac{1}{n},\ n\in\{1,\ 2,\ 3,\ 4,\ 5,\ 6,\ 7\}$$

数列⑦

$$-1,\ 1,\ -1,\ 1,\ \cdots$$

的通项公式是

$$a_n=(-1)^n,\ n\in\mathbf{N}^*$$

数列⑧

$$2,\ 2,\ 2,\ 2,\ \cdots$$

的通项公式是

$$a_n=2,\ n\in\mathbf{N}^*$$

像数列⑧这样各项都相等的数列通常称为**常数列**.

如果知道了数列的一个通项公式，那么只要依次用1，2，3，…代替公式中的n，就可以求出这个数列的每一项.

从函数的观点看，数列的通项公式就是定义在$\mathbf{N}^*$（或它的子集$\{1,\ 2,\ \cdots,\ n\}$）上的函数的表达式.

例题解析

当一个数列的通项公式的定义域是$\mathbf{N}^*$时，在本章中，$n\in\mathbf{N}^*$可以略去不写.

例1 已知数列的通项公式$a_n=\frac{(-1)^n}{2n+1}$，求：

(1) 数列的前3项；

(2) 数列的第18项；

(3) $\frac{1}{21}$是否为这个数列的一项？如果是其中一项，那么是第几项？

提　示

已知数列的通项公式，可以求出这个数列中的任意一项（例 1 中的第 1 题、第 2 题）；也可以求出已知项的序号（例 1 中的第 3 题）.

解　(1) 因为$a_1=\frac{(-1)^1}{2\times1+1}=-\frac{1}{3}$　$a_2=\frac{(-1)^2}{2\times2+1}=\frac{1}{5}$

$$a_3=\frac{(-1)^3}{2\times3+1}=-\frac{1}{7}$$

所以，此数列的前 3 项是$-\frac{1}{3}$，$\frac{1}{5}$，$-\frac{1}{7}$.

(2) 数列的第 18 项是 $a_{18}=\frac{(-1)^{18}}{2\times18+1}=\frac{1}{37}$.

(3) 设 $a_n=\frac{1}{21}$，则

$$\frac{(-1)^n}{2n+1}=\frac{1}{21}$$

当 n 为正奇数时，方程可化为$\frac{-1}{2n+1}=\frac{1}{21}$，方程无解.

当 n 为正偶数时，方程可化为$\frac{1}{2n+1}=\frac{1}{21}$，从而得到

$$2n+1=21$$

解得

$$n=10$$

所以，$\frac{1}{21}$是数列的第 10 项.

例 2　求下列数列的一个通项公式：

(1) 3，6，9，12，…

(2) $-\frac{1}{1\times2}$，$\frac{1}{2\times3}$，$-\frac{1}{3\times4}$，$\frac{1}{4\times5}$，…

解　(1) 观察数列的规律

$$a_1=3\times1\quad a_2=3\times2$$
$$a_3=3\times3\quad a_4=3\times4$$

由此可知其通项公式为

$$a_n=3n$$

(2) 观察数列的规律

$$a_1=-\frac{1}{1\times2}=(-1)^1\times\frac{1}{1\times(1+1)}$$

$$a_2=\frac{1}{2\times3}=(-1)^2\times\frac{1}{2\times(2+1)}$$

$$a_3=-\frac{1}{3\times4}=(-1)^3\times\frac{1}{3\times(3+1)}$$

$$a_4=\frac{1}{4\times5}=(-1)^4\times\frac{1}{4\times(4+1)}$$

想一想

如果给出一个数列（存在通项公式）的前若干项，这个数列的通项公式是唯一的吗？

由此可知其通项公式为

$$a_n=(-1)^n\cdot\frac{1}{n(n+1)}$$

例 3 某水泥厂今年的产量是 5 万吨，由于技术改造，计划每年增产 15%. 试写出从今年开始，5 年内每年的产量排成的数列，并写出它的通项公式.

解 $a_1=5$

$a_2=5\times(1+0.15)=5\times1.15$

$a_3=5\times(1+0.15)^2=5\times1.15^2$

$a_4=5\times(1+0.15)^3=5\times1.15^3$

$a_5=5\times(1+0.15)^4=5\times1.15^4$

所以，所求数列为

$$5,\ 5\times1.15,\ 5\times1.15^2,\ 5\times1.15^3,\ 5\times1.15^4$$

数列的通项公式为

$$a_n=5\times1.15^{n-1}\ (n\in\mathbf{N}^*,\ n\leqslant5)$$

知识巩固 2

1. 根据下列数列$\{a_n\}$的通项公式，写出它的前 5 项，并写出各数列的第 10 项：

(1) $a_n=(-1)^n\cdot\frac{1}{2n}$； (2) $a_n=n^2$；

(3) $a_n=-2^n+3$； (4) $a_n=6$.

2. 观察下面数列的特点，用适当的数填空，并写出每个数列的一个通项公式：

(1) 2，4，(　　)，8，10，(　　)，14；

(2) (　　)，4，9，16，25，(　　).

3. 写出下面数列的一个通项公式：

(1) 4，7，10，13，…

(2) 1，$\sqrt{2}$，$\sqrt{3}$，2，…

(3) 1，−4，9，−16，…

如果一个数列从某一项起，它的任何一项都可以用它前面的若干项来确定，那么这个数列就称为**递推数列**. 用来确定后项与前若干项关系的公式称为**递推公式**.

例如，已知数列$\{a_n\}$的第1项是1，以后各项都由公式$a_n=1+\frac{1}{a_{n-1}}$给出，那么这个数列的前5项分别为

$$a_1=1$$

$$a_2=1+\frac{1}{a_1}=1+\frac{1}{1}=2$$

$$a_3=1+\frac{1}{a_2}=1+\frac{1}{2}=\frac{3}{2}$$

$$a_4=1+\frac{1}{a_3}=1+\frac{2}{3}=\frac{5}{3}$$

$$a_5=1+\frac{1}{a_4}=1+\frac{3}{5}=\frac{8}{5}$$

上例表明由数列的第1项及a_n与a_{n-1}的关系式，可以写出这个数列的各项. $a_n=1+\frac{1}{a_{n-1}}$为递推公式.

数列的前 n 项和

数列a_1，a_2，a_3，…，a_n，…前n项相加的和，称为**数列的前n项和**，常用S_n表示. 即

$$S_n=a_1+a_2+\cdots+a_n$$

有时为了书写简便，常把数列$\{a_n\}$前n项的和记为$\sum\limits_{i=1}^{n}a_i$，即$S_n=\sum\limits_{i=1}^{n}a_i$，其中符号“$\sum$”称为连加号，$a_i$表示加数的一般项. 如果数列有通项公式，一般项$a_i$可以写成通项公式的形式. i称为求和指标，连加号的上下标表示求和指标i的取值依自然数的顺序由1取到n.

例题解析

例　设数列$\{a_n\}$的通项公式是$a_n=2n^2+1$，求数列$\{a_n\}$的前4项和S_4.

解　在数列$\{a_n\}$中，因为$a_n=2n^2+1$，所以

$$\begin{aligned}S_4&=a_1+a_2+a_3+a_4\\&=(2\times1^2+1)+(2\times2^2+1)+(2\times3^2+1)+(2\times4^2+1)\\&=64\end{aligned}$$

知识巩固3

设数列$\{a_n\}$的通项公式为$a_n=n^2-n$，求数列$\{a_n\}$的前3项和S_3.

1.2　等差数列

实例考察

在现实生活中，我们有时会碰到一些特殊数列．你能发现它们有什么共同特点吗？

梯子　如图1-2所示，梯子自上而下各级宽度（单位：厘米）排成数列

$$25，28，31，34，37，40，43，46 \qquad ①$$

图1-2

女子举重级别　奥运会女子举重（图1-3）共设七个级别，其中较轻的四个级别体重（单位：千克）组成数列

$$48，53，58，63 \qquad ②$$

图1-3

偶数　比5小的偶数从大到小排成数列

$$4，2，0，-2，-4，\cdots \qquad ③$$

常数　由无穷多个常数a组成常数列

$$a，a，a，a，a，\cdots \qquad ④$$

等差数列基本知识

对于上面的数列，我们可以发现：

数列①，从第 2 项起，每一项与它的前一项的差都等于 3.

数列②，从第 2 项起，每一项与它的前一项的差都等于 5.

数列③，从第 2 项起，每一项与它的前一项的差都等于－2.

数列④，从第 2 项起，每一项与它的前一项的差都等于 0.

也就是说，这些数列有一个共同特点：从第 2 项起，每一项与它的前一项的差都等于同一个常数.

提　示

“$\{a_n\}$是等差数列”的另一种表述为：数列$\{a_n\}$满足$a_{n+1}-a_n=d$（d 是常数）.

> 一般地，如果一个数列从第 2 项起，每一项与它的前一项的差都等于同一个常数，这样的数列就称为**等差数列**，这个常数称为等差数列的**公差**，公差通常用字母 d 表示.

上面的四个数列都是等差数列，它们的公差依次是______，______，______，______.

想一想

两个数能组成等差数列吗？

> 一般地，如果 a，A，b 成等差数列，则
>
> $$A-a=b-A$$
>
> 即
>
> $$A=\frac{a+b}{2}$$
>
> 这时，A 就称为 a 与 b 的**等差中项**.

容易看出，在一个等差数列中，从第 2 项起，每一项（有穷数列的末项除外）都是它的前一项与后一项的等差中项.

下面我们来讨论等差数列的通项公式.

在等差数列$\{a_n\}$中，首项是 a_1，公差是 d. 根据等差数列的定义，可以得到

$$a_2-a_1=d$$

$$a_3-a_2=d$$

$$a_4-a_3=d$$

$$\cdots$$

$$a_n-a_{n-1}=d$$

把上述 $n-1$ 个式子的两边分别相加，就能得到

$$a_n-a_1=(n-1)d$$

即 $$a_n=a_1+(n-1)d$$

当 $n=1$ 时，上面的等式也成立．由此得到等差数列 $\{a_n\}$ 的通项公式

$$a_n=a_1+(n-1)d$$

例题解析

例 1 判断下列数列是否为等差数列．若是，写出其首项及公差．

(1) 2，5，8，11，14；

(2) 1，0，-1，0，1，0，-1，0，…

解 (1) 该数列是等差数列，$a_1=2$，$d=3$；

(2) 因为 $-1-0\neq 0-(-1)$，所以该数列不是等差数列．

例 2 判断下列数列是否为等差数列，并说明理由．

(1) $a_n=3n+2$；(2) $b_n=\dfrac{1}{2n}$.

解 (1) 由数列的通项公式 $a_n=3n+2$ 可知

$$a_{n+1}-a_n=3(n+1)+2-(3n+2)=3$$

所以 $\{a_n\}$ 是等差数列．

(2) 由题意可知，$b_1=\dfrac{1}{2}$，$b_2=\dfrac{1}{4}$，$b_3=\dfrac{1}{6}$，$b_4=\dfrac{1}{8}$，

即数列为 $\dfrac{1}{2}$，$\dfrac{1}{4}$，$\dfrac{1}{6}$，$\dfrac{1}{8}$，…

因为 $\dfrac{1}{4}-\dfrac{1}{2}\neq\dfrac{1}{8}-\dfrac{1}{6}$，所以此数列不是等差数列．

提 示

一般地，对于通项公式 $a_n=a_1+(n-1)d$，若已知 a_1，d，n，a_n 这四个量中的三个，总能求出第四个量．

例 3 求等差数列 8，5，2，…的通项公式和第 20 项．

解 因为 $a_1=8$，$d=5-8=-3$，所以

$$a_n=8+(n-1)(-3)$$

即 $$a_n=11-3n$$

因此 $$a_{20}=11-3\times 20=-49$$

例 4 等差数列 -5，-9，-13，…的第几项是 -401？

解 因为 $a_1=-5$，$d=-9-(-5)=-4$，所以

$$a_n=-5+(n-1)(-4)$$

设这个数列的第 n 项是 -401，则

$$-401=-5+(n-1)(-4)$$

解得

$$n=100$$

因此，这个数列的第 100 项是 −401.

例 5 通常情况下，从海平面到 10 千米的高空，高度每增加 1 千米，气温就下降某一固定数值. 如果某地海拔 1 千米处的气温是 8.5 ℃，海拔 5 千米处的气温是 −17.5 ℃，求海拔 2 千米，4 千米，8 千米处的气温.

解 设海拔 1 千米，2 千米，3 千米，…，8 千米处的气温数值组成的数列为 $\{a_n\}$. 由题意可知，数列 $\{a_n\}$ 是等差数列，并且 $a_1=8.5$，$a_5=-17.5$.

由 $a_5=a_1+4d$，得

$$d=\frac{-17.5-8.5}{4}=-6.5$$

所以

$$a_2=8.5+(-6.5)=2$$

$$a_4=8.5+3\times(-6.5)=-11$$

$$a_8=8.5+7\times(-6.5)=-37$$

因此，海拔 2 千米，4 千米，8 千米处的气温分别是 2 ℃，−11 ℃，−37 ℃.

知识巩固 1

1. 下列数列是等差数列吗？如果是，求出数列的公差；如果不是，说明理由.

(1) 5，5，5，5，5；

(2) $\frac{1}{7}$，$\frac{3}{7}$，$\frac{5}{7}$，1，$\frac{9}{7}$；

(3) 2，4，8，16，32；

(4) −1，0，−1，0，−1.

2. −70 是不是等差数列 10，6，2，…中的某一项？如果是，应为第几项？如果不是，说明理由.

3. 求等差数列 −8，−5，−2，…的通项公式和第 20 项.

4. 已知等差数列$\{a_n\}$的通项公式是$a_n=-2n+5$，求它的首项和公差.

5. 求下列各题中两个数的等差中项：

(1) 10与16；

(2) -3与7.

6. 已知等差数列$\{a_n\}$中，$a_3=16$，$a_7=8$，求此数列的通项公式.

在等差数列$\{a_n\}$中，根据等差中项的定义可知$2a_2=a_1+a_3$，即

$$a_2+a_2=a_1+a_3$$

类似地，有

$$a_2+a_4=a_1+a_5$$
$$a_3+a_7=a_4+a_6$$
$$\cdots$$

由此启发我们想到：若$m+n=p+q$（m，n，p，$q\in\mathbf{N}^*$），则应有

$$a_m+a_n=a_p+a_q$$

你能证明这个结论吗？

等差数列的前 n 项和

我们来看下面的问题：

$$1+2+3+\cdots+100=?$$

德国著名数学家高斯少年时曾很快得出它的结果. 你知道应该如何计算吗？

高斯的算法是

$1+100=101$（首项与末项的和）

$2+99=101$（第2项与倒数第2项的和）

$3+98=101$（第3项与倒数第3项的和）

$\cdots$

$50+51=101$（第50项与倒数第50项的和）

于是所求的和是

$$101\times\frac{100}{2}=5\ 050$$

1，2，3，…，100是一个首项为1、公差为1的等差数列，它的前100项和表示为

$$S_{100}=1+2+3+\cdots+98+99+100 \quad ①$$

①又可表示为

$$S_{100}=100+99+98+\cdots+3+2+1 \quad ②$$

将①②两式的两边分别相加，得

$$2S_{100}=(1+100)+(2+99)+(3+98)+\cdots+(99+2)+(100+1)$$

即

$$S_{100}=\frac{100\times(1+100)}{2}=5\ 050$$

下面，我们将这种方法推广到求一般等差数列的前 n 项和.

对于任何首项为 a_1，公差为 d 的等差数列 $\{a_n\}$，有

$$S_n=a_1+a_2+a_3+\cdots+a_{n-2}+a_{n-1}+a_n$$

根据等差数列的通项公式，上式可以写成

$$S_n=a_1+(a_1+d)+(a_1+2d)+\cdots+[a_1+(n-1)d] \quad ③$$

③式又可表示为

$$S_n=a_n+(a_n-d)+(a_n-2d)+\cdots+[a_n-(n-1)d] \quad ④$$

将③④两式的两边分别相加，得

$$\begin{aligned}2S_n&=\overbrace{(a_1+a_n)+(a_1+a_n)+\cdots+(a_1+a_n)}^{n\text{个}(a_1+a_n)}\\&=n(a_1+a_n)\end{aligned}$$

由此得到，等差数列 $\{a_n\}$ 的前 n 项和的公式

$$\boxed{S_n=\frac{n(a_1+a_n)}{2}}$$

因为 $a_n=a_1+(n-1)d$，所以上面的公式又可写成

$$\boxed{S_n=na_1+\frac{n(n-1)}{2}d}$$

例题解析

提 示

一般地，在等差数列$\{a_n\}$的通项公式和前n项和公式中，若已知n，a_n，a_1，d，S_n这5个量中的3个，总可求出另外两个量.

例 1 已知等差数列$\{a_n\}$中，

(1) 若$a_1=3$，$a_{21}=55$，求S_{21}；

(2) 若$a_1=6$，$d=-\frac{1}{2}$，求S_{20}.

解 (1) 根据$S_n=\frac{(a_1+a_n)n}{2}$，得

$$S_{21}=\frac{(a_1+a_{21})\times 21}{2}=\frac{(3+55)\times 21}{2}=609$$

(2) 根据$S_n=na_1+\frac{n\ (n-1)}{2}d$，得

$$S_{20}=20\times 6+\frac{20(20-1)}{2}\times\left(-\frac{1}{2}\right)=25$$

例 2 等差数列-10，-6，-2，2，…的前多少项和是54?

解 $a_1=-10$，$d=-6-(-10)=4$

设$S_n=54$，根据等差数列的前n项和公式，得

$$-10n+\frac{n(n-1)}{2}\times 4=54$$

整理得 $$n^2-6n-27=0$$

解得 $$n_1=9,\ n_2=-3\ (舍去)$$

因此，原等差数列的前9项和是54.

例 3 在等差数列$\{a_n\}$中，$d=\frac{1}{2}$，$a_n=\frac{3}{2}$，$S_n=-\frac{15}{2}$. 求a_1及n.

解 因为 $$\begin{cases}a_n=a_1+(n-1)d\\ S_n=\frac{n(a_1+a_n)}{2}\end{cases}$$

所以 $$\begin{cases}a_1+\frac{1}{2}(n-1)=\frac{3}{2} & ①\\ \frac{n\left(a_1+\frac{3}{2}\right)}{2}=-\frac{15}{2} & ②\end{cases}$$

由①式解得$a_1=-\frac{1}{2}n+2$，代入②，整理得

$$n^2-7n-30=0$$

解得 $$n=10 \text{ 或 } n=-3 \text{（舍去）}$$

所以 $$a_1=-\frac{1}{2}\times10+2=-3$$

等额本金还款法是指在贷款期间每月等额归还本金，每月利息按照剩余本金乘以月利率计算.

例4 某人购买一辆20万元的汽车，首付5万元，其余车款按等额本金还款法分期付款，10年付清. 如果贷款按月利率为0.5%计算，那么此人共应付多少利息?

解 汽车总价为20万元，首付5万元，因此贷款15万元.

10年内每月应还贷款本金$\frac{150\ 000}{10\times12}=1\ 250$（元）.

第一月利息为$150\ 000\times0.5\%=750$（元）；

第二月利息为$(150\ 000-1\ 250)\times0.5\%=150\ 000\times0.5\%-1\ 250\times0.5\%=743.75$（元）；

第三月利息为$(150\ 000-2\times1\ 250)\times0.5\%=150\ 000\times0.5\%-2\times1\ 250\times0.5\%=737.5$（元）；

……

由此可见，10年中每月所付利息是以750元为首项，-6.25为公差的等差数列$\{a_n\}$. 因为贷款10年付清，所以

$$n=10\times12=120$$

利息总和$S_{120}=120\times750+\frac{120(120-1)}{2}\times(-6.25)=45\ 375$（元）.

知识巩固2

1. 在等差数列$\{a_n\}$中，求S_n：

(1) $a_1=3$，$a_{10}=47$，$n=10$；

(2) $a_1=50$，$d=-3$，$n=20$；

(3) $a_1=6.5$，$d=0.4$，$a_n=10.5$.

2. 等差数列-8，-7，-6，-5，…前多少项的和是-35?

3. 在小于100的正整数中共有多少个数能被3整除？这些数的和是多少？

4. 已知等差数列$\{a_n\}$中，$a_4=6$，$a_6=10$，求：

(1) 此数列的通项公式；

(2) S_{20}.

1.3　等比数列

实例考察

在现实生活中，我们还会碰到一些特殊数列，它们的项的变化也是有规律的，但不是等差数列.

汽车价值　一辆汽车（图1-4）购买时价值是20万元，每年的折旧率是10%（就是说这辆汽车每年减少它上一年价值的10%），那么这辆汽车从购买当年算起，8年之内，每年的价值（单位：万元）组成的数列

$$20，20\times0.9，20\times0.9^2，\cdots，20\times0.9^7 \quad ①$$

图1-4

提　示

由于算上了这1小时开始的时候第一个收到短信的人，所以这个数列共有21项.

一条短信　某人用3分钟将一条短信发给3个人，这3个人又用3分钟各自将这条短信发给未收到的3个人（图1-5）. 如此继续下去，1小时内收到此短信的人，按收到短信的次序排成的数列

$$1，3，3^2，3^3，\cdots，3^{20} \quad ②$$

图1-5

倍数　从5开始，每次乘以5，可以得到数列

$$5，5^2，5^3，5^4，5^5，\cdots \quad ③$$

常数　由无穷多个常数a（$a\neq0$）组成的常数列

$$a，a，a，a，a，\cdots \quad ④$$

等比数列基本知识

对于上面的数列，我们可以发现：

数列①，从第 2 项起，每一项与它的前一项的比都等于 0.9.

数列②，从第 2 项起，每一项与它的前一项的比都等于 3.

数列③，从第 2 项起，每一项与它的前一项的比都等于 5.

数列④，从第 2 项起，每一项与它的前一项的比都等于 1.

也就是说，这些数列有一个共同特点：从第 2 项起，每一项与它的前一项的比都等于同一个常数.

提　示

“$\{a_n\}$ 是等比数列”也可表述为：数列 $\{a_n\}$ 满足 $\frac{a_{n+1}}{a_n}=q$ （$q\neq0$，q 是常数）.

> 一般地，如果一个数列从第 2 项起，每一项与它的前一项的比都等于同一个非零常数，这样的数列就称为**等比数列**，这个常数称为等比数列的**公比**，公比通常用字母 q 表示（$q\neq0$）.

上面的四个数列都是等比数列，它们的公比依次是________，________，________，________.

> 一般地，如果 a，G，b 成等比数列，则
>
> $$\frac{G}{a}=\frac{b}{G}$$
>
> 即
>
> $$G^2=ab$$
>
> 这时，G 称为 a 与 b 的**等比中项**.

提　示

对于任意两个非零实数 a 和 b，只有当 a 和 b 同号时，它们之间才存在等比中项 G，且 $G=\pm\sqrt{ab}$.

容易看出，在一个等比数列中，从第 2 项起，每一项（有穷数列的末项除外）都是它的前一项与后一项的等比中项.

下面我们来讨论等比数列的通项公式.

在等比数列 $\{a_n\}$ 中，首项是 a_1，公比是 q. 根据等比数列的定义，可以得到

$$\frac{a_2}{a_1}=q$$

$$\frac{a_3}{a_2}=q$$

$$\frac{a_4}{a_3}=q$$

$$\cdots$$

$$\frac{a_n}{a_{n-1}}=q$$

把上述 $n-1$ 个式子的两边分别相乘，就能得到

$$\frac{a_n}{a_1}=q^{n-1}$$

即

$$a_n=a_1q^{n-1}$$

当 $n=1$ 时，上面的等式也成立，由此得到，等比数列 $\{a_n\}$ 的通项公式

$$\boxed{a_n=a_1q^{n-1}}$$

例题解析

例 1 下列数列是否为等比数列？若是，写出其首项及公比.

(1) 5，25，125，625，3 125；

(2) $-\frac{1}{2}$，$\frac{1}{4}$，$-\frac{1}{8}$，$\frac{1}{16}$，…

解 (1) 是等比数列，$a_1=1$，$q=5$；

(2) 是等比数列，$a_1=-\frac{1}{2}$，$q=-\frac{1}{2}$.

例 2 求出下列等比数列中的未知项：

(1) 2，a，8；

(2) 4，b，c，$\frac{1}{2}$.

解 (1) 由题意得

$$a^2=16$$

即

$$a=4 \text{ 或 } a=-4$$

(2) 由题意得$\begin{cases}\frac{b}{4}=\frac{c}{b}\\ \frac{c}{b}=\frac{\frac{1}{2}}{c}\end{cases}$

解方程组，得

$$b=2，c=1$$

例 3 求等比数列 -5，10，-20，40，…的通项公式和第 10 项.

解 因为 $a_1=-5$，$q=\frac{10}{-5}=-2$，所以

$$a_n=-5(-2)^{n-1}$$

因此

$$a_{10}=(-5)(-2)^9=2\ 560$$

例 4 在等比数列 $\{a_n\}$ 中：

(1) $a_1=4$，$q=3$，$a_n=324$，求项数 n；

(2) $q=2$，$a_5=48$，求 a_1 和通项公式.

解 (1) 因为 $a_1=4$，$q=3$，$a_n=324$，所以

$$a_n=4\times3^{n-1}=324$$

即

$$3^{n-1}=3^4$$

$$n-1=4$$

解得

$$n=5$$

(2) 因为 $q=2$，$a_5=48$，$n=5$，所以

$$a_1\cdot2^{5-1}=48$$

解得

$$a_1=3$$

因此，这个数列的通项公式是

$$a_n=3\times2^{n-1}$$

提 示

一般地，在通项公式 $a_n=a_1q^{n-1}$ 中，若已知 a_1，q，n，a_n 这 4 个量中的 3 个，总能求出第四个量.

例 5 培育一种稻谷新品种，第 1 代得种子 100 粒，如果以后由每粒新种又可得 100 粒下一代种子，到第 5 代可以得到新品种种子多少粒？

解 依题意，逐代的种子数是一个等比数列，且 $a_1=100$，$q=100$，由此可得

$$a_5=100\times100^{5-1}=100^5=10^{10}\ (粒)$$

例 6 一家连锁超市集团正在拓展市场，计划开设连锁店的数量成等比数列增长. 2020 年共有 30 家连锁店，如果 2022 年要达到 270 家店，那么 2021 年要新开连锁店多少家？

解 因为开设连锁店的数量成等比数列，所以 2021 年连锁店的总数是 30 和 270 的等比中项，设其为 a，则

$$a=\pm\sqrt{30\times270}=\pm90$$

因为连锁店的数量不能为负，所以舍去 -90. 由此得 2021 年连锁店总数为 90 家. 因为 2020 年已经有连锁店 30 家，所以 2021 年要新开连锁店 60 家.

在等比数列$\{a_n\}$中，根据等比中项的定义可知$a_2^2=a_1\cdot a_3$，即

$$a_2\cdot a_2=a_1\cdot a_3$$

类似地，有

$$a_2\cdot a_4=a_1\cdot a_5$$
$$a_3\cdot a_7=a_4\cdot a_6$$
$$\cdots$$

由此我们想到：若$m+n=p+q$（m，n，p，$q\in\mathbf{N}^*$），则应有

$$a_m\cdot a_n=a_p\cdot a_q$$

你能证明这个结论吗？

知识巩固 1

1．下列数列是等比数列吗？如果是，求出数列的公比；如果不是，说明理由．

（1）5，5，5，5，5；　　（2）$\frac{1}{7}$，$\frac{3}{7}$，$\frac{5}{7}$，1，$\frac{9}{7}$；

（3）2，4，8，16，32；　　（4）-1，0，-1，0，-1．

2．已知以下数列都是等比数列，填写所缺项，并求其公比．

（1）1，$-\frac{3}{2}$，________，________，…

（2）2，________，________，16，…

（3）7，________，________，7，…

3．在等比数列$\{a_n\}$中：

（1）已知$a_1=3$，$q=2$，求a_6；

（2）已知$a_3=2$，$a_5=18$，$q>0$，求q和a_{10}．

4．求27和3的等比中项．

5．《孙子算经》中有个问题“出门望九堤”：“今有出门望见九堤，堤有九木，木有九枝，枝有九巢，巢有九禽，禽有九雏，雏有九毛，毛有九色，问各几何？”请同学们计算结果并交流．

等比数列的前 n 项和

有这样一个传说，古印度国王舍罕王要重赏国际象棋的发明者西萨·班·达依尔，面对国王的恩赐，达依尔的要求好像并不高：

在棋盘的第 1 个格子里放上 1 颗麦粒，在第 2 个格子里放上 2 颗麦粒，在第 3 个格子里放上 4 颗麦粒，在第 4 个格子里放上 8 颗麦粒，……按这样的规律放满棋盘的 64 格.

那么，这位国王能满足发明者的要求吗？这位发明者要求的麦粒总粒数是

$$1+2+2^2+2^3+2^4+\cdots+2^{63}$$

这实际是求首项为 1，公比为 2 的等比数列前 64 项和，即

$$S_n=1+2+2^2+2^3+2^4+\cdots+2^{63} \quad ①$$

把上式两边分别乘以公比 2，得到

$$2S_n=2+2^2+2^3+2^4+2^5\cdots+2^{64} \quad ②$$

将①②两式的两边分别相减，得

$$-S_n=1-2^{64}$$

即

$$S_n=2^{64}-1$$

通常每千粒小麦约重 40 克，你计算一下这些小麦有多少吨，然后去查一查现在全世界小麦的年产量，看看当年国王能不能满足发明者的要求.

对于任何首项为 a_1，公比为 q 的等比数列 $\{a_n\}$，有

$$S_n=a_1+a_2+a_3+\cdots+a_n$$

$$S_n=a_1+a_1q+a_1q^2+\cdots+a_1q^{n-2}+a_1q^{n-1} \quad ③$$

用公比 q 乘③式两边，得

$$qS_n=a_1q+a_1q^2+a_1q^3+\cdots+a_1q^{n-1}+a_1q^n \quad ④$$

将③④两式的两边分别相减，得

$$S_n-qS_n=a_1-a_1q^n$$

即

$$(1-q)S_n=a_1(1-q^n)$$

由此得到，当 $q\neq1$ 时，等比数列 $\{a_n\}$ 的前 n 项和的公式

$$S_n=\frac{a_1(1-q^n)}{1-q}\ (q\neq1)$$

因为 $a_n=a_1q^{n-1}$，所以

$$a_1q^n=a_1q^{n-1}\cdot q=a_nq$$

于是，求和公式又可改写成 $S_n=\dfrac{a_1-a_nq}{1-q}\ (q\neq1)$.

当 $q=1$ 时，因为 $a_1=a_2=a_3=\cdots=a_n$，所以

$$S_n=na_1$$

综上所述，可以得到等比数列$\{a_n\}$的前n项和的公式

$$S_n=\frac{a_1(1-q^n)}{1-q}=\frac{a_1-a_nq}{1-q}\quad(q\neq1)$$
$$S_n=na_1\quad(q=1)$$

例题解析

例 1 求等比数列1，$\frac{1}{2}$，$\frac{1}{4}$，$\frac{1}{8}$，…前10项的和.

解 因为$a_1=1$，$q=\frac{1}{2}$，$n=10$，所以

$$S_{10}=\frac{1\times\left[1-\left(\frac{1}{2}\right)^{10}\right]}{1-\frac{1}{2}}$$
$$=\frac{2^{10}-1}{2^9}$$
$$=\frac{1\,023}{512}$$

例 2 在等比数列$\{a_n\}$中：

(1) 已知$a_1=2$，$q=3$，求S_6；

(2) 已知$q=\frac{3}{2}$，$S_5=\frac{633}{2}$，求a_1.

解 (1) 因为$a_1=2$，$q=3$，$n=6$，所以

$$S_6=\frac{2(1-3^6)}{1-3}=728$$

(2) 因为$q=\frac{3}{2}$，$S_5=\frac{633}{2}$，$n=5$，所以

$$\frac{633}{2}=\frac{a_1\left[1-\left(\frac{3}{2}\right)^5\right]}{1-\frac{3}{2}}$$

解得

$$a_1=24$$

例 3 某企业第一年的产值是1 500万元，计划每年递增15%，问五年的总产值是多少万元？

解　设第 n 年的产值用 a_n 表示，每年递增率为 15%，则

$a_1=1\ 500$，$a_2=1\ 500\times(1+15\%)$，$a_3=1\ 500\times(1+15\%)^2$，$a_4=1\ 500\times(1+15\%)^3$，$a_5=1\ 500\times(1+15\%)^4$

因此，$\{a_n\}$是公比为 $q=1.15$，首项为 $a_1=1\ 500$ 的等比数列.

依题意，五年的总产值为 S_5，则

$$S_5=\frac{a_1(1-q^5)}{1-q}=\frac{1\ 500\times(1-1.15^5)}{1-1.15}=10\ 113.57\ (\text{万元})$$

所以五年的总产值是 10 113.57 万元.

例 4　某人投资 10 万元办了一个养鸡场，其中有 5 万元是向银行贷款的，贷款年利率为 5.6%（只计本金带来的利息）. 预计每出售一只肉鸡可盈利 1.0 元，投资当年就能出售 30 000 只. 他准备在 3 年内就收回全部投资，并偿还银行的利息，为此，他必须以怎样的年增长率发展肉鸡养殖（假设年增长率不变，精确到 0.1%）?

解　由题意可知，3 年内他出售肉鸡的收入成等比数列. 设养殖肉鸡每年的增长率为 x，则 $q=1+x$.

因为他准备在 3 年内就收回全部投资，并偿还银行的利息，所以

$$[30\ 000+30\ 000(1+x)+30\ 000(1+x)^2]\times1.0=50\ 000+50\ 000(1+3\times5.6\%)$$

化简得

$$x^2+3x-\frac{46}{75}=0$$

根据题意，年增长率为正，所以

$$x=\frac{-3+\sqrt{9+4\times\frac{46}{75}}}{2}\approx0.192=19.2\%$$

因此，他必须以每年 19.2%的增长率发展肉鸡养殖.

知识巩固 2

1. 在等比数列$\{a_n\}$中：

(1) $a_1=48$，$q=\frac{3}{2}$，求 S_9；

(2) $a_1=-5$，$a_4=-40$，求 S_5；

(3) 若 $a_{10}=1\ 536$，$q=2$，求 S_{10}；

(4) 若 $a_n=3^n$，求 S_5.

2. 求等比数列 1，2，4，…从第 3 项到第 8 项的和.

3. 某商场第一年销售计算机 5 000 台，如果平均每年的销售量比上一年增长 10%，那么从第一年起，约几年内可使总销售量达到 30 000 台（结果保留到个位)？

4. 某市 2010 年底人口为 100 万人，人均居住面积为 20 平方米. 若该市人口年平均增长率为 2%，每年新建房 20 万平方米，则到 2020 年年底，人均住房面积比 2010 年是否有所增加？请列数据说明.

探究

塔顶几盏灯

吴敬是明代著名数学家，字信民，号主一翁，浙江仁和（今杭州市）人. 曾几次担任浙江布政使司的幕府，负责全省田赋和税收的会计工作，对当地商业活动十分熟悉，且以善算而闻名，因此许多官吏“皆礼遇而信托之”，请他解决商业中的各种数学问题. 他以此为基础，用十余年时间撰成《九章算法比类大全》. 该书共 10 卷，有 1 329 道题，卷首列举了大数记法、小数记法、度量衡、整数和分数四则运算的法则及名词解释等.

1420 年元宵节，在钱塘江的一座亭子里，几位书生欣赏五彩缤纷的夜景，对着倒映在江水中的美丽灯影，开怀畅饮，轮流吟诗. 一位少年腼腆地说：“诸位仁兄诗才横溢，妙句连篇，小弟不才，也吟一首. 远望巍巍塔七层，红光盏盏倍加增. 共灯三百八十一，试问塔顶几盏灯？”大伙听后，连连称赞，并一起仰望前方那座用灯点缀着的七层宝塔（图1-6），深思良久，却无人能算

图1-6

出答案．这位少年详细讲解后，大家才恍然大悟，一起举杯称贺，祝愿他取得更大的成就．这位少年就是吴敬．后来他果然不负众望，成为杰出的数学家．

这首诗的意思是：有一座高大雄伟的宝塔，共有七层．每层都挂着红红的大灯笼．各层的灯笼的盏数虽然不知道是多少，但知道从上到下的第二层开始，每层盏数都是上一层盏数的2倍，并知道总共有381盏灯笼．问：这个宝塔塔顶有多少盏灯笼？

利用所学的知识，你能作出这道题吗？

实践活动

张某想开一家餐馆，需资金60万元，自有资金30万元，资金不足部分通过借贷获得．已知此项贷款期限为5年，年利率为4.75%，到期一次性还清．张某准备在这5年期间，每月固定时间等额在银行存款（第一次存款时间与获得贷款时间相同），最终以此项存款总额和利息偿还贷款．已知银行5年期零存整取年利率为1.55%，存贷款均按单利计算．问：张某每月至少应存入多少元？

专题阅读

银行利息小常识

通常的利息计算分为单利和复利两种计算方式.

一、单利

所谓单利，是指计算本金所带来的利息，而不考虑利息再产生利息的计息方法. 单利终值即指一定时期以后的本利和. 存人民币100元，年利率为3.00%（2011年2月9日起），从第1年到第3年，按单利各年年末的终值可计算如下：

100元1年后的终值＝100×(1＋3.00%×1)＝103.00（元）

100元2年后的终值＝100×(1＋3.00%×2)＝106.00（元）

100元3年后的终值＝100×(1＋3.00%×3)＝109.00（元）

由此可推出单利终值的一般计算公式为

$$V_n=V_0\times(1+i\times n)$$

式中，V_0为现值，即第1年初的价值；V_n为终值，即第n年末的价值；i为利率；n为计息期数.

因此，按单利计算，终值是等差数列.

二、复利

复利是每期产生的利息并入本金一起参与计算下一期利息的计息方法. 复利终值即是在“利滚利”基础上计算的现在的一笔收付款项未来的本利和. 存100元钱，年利率3.00%，从第1年到第3年，按复利各年年末的终值可以计算如下：

100元1年后的终值＝100×(1＋3.00%)＝103.00（元）

100元2年后的终值＝$100\times(1+3.00\%)^2$＝106.09（元）

100元3年后的终值＝$100\times(1+3.00\%)^3\approx$109.27（元）

由此可推出复利终值的一般计算公式为

$$V_n=V_0\times(1+i)^n$$

式中，V_0为现值，即第1年初的价值；V_n为终值，即第n年末的价值；i为利率；n为计息期数.

因此，按复利计算，终值是等比数列.

斐波那契数列及相关问题

一、斐波那契数列

斐波那契

斐波那契（L. Fibonacci，约 1175—1250），意大利商人兼数学家，他在著作《算盘书》中，首先引入了阿拉伯数字，将“十进制值计数法”介绍给了欧洲人，对欧洲的数学发展有深远的影响. 在这本著作中，他还提出了著名的“兔子繁殖问题”：

假设一对初生兔子要一个月才能到成熟期，而一对成熟兔子每月会生一对兔子，那么，由一对初生兔子开始，12 个月后会有多少对兔子呢？

通过下面这个表格，我们可以发现一些规律：

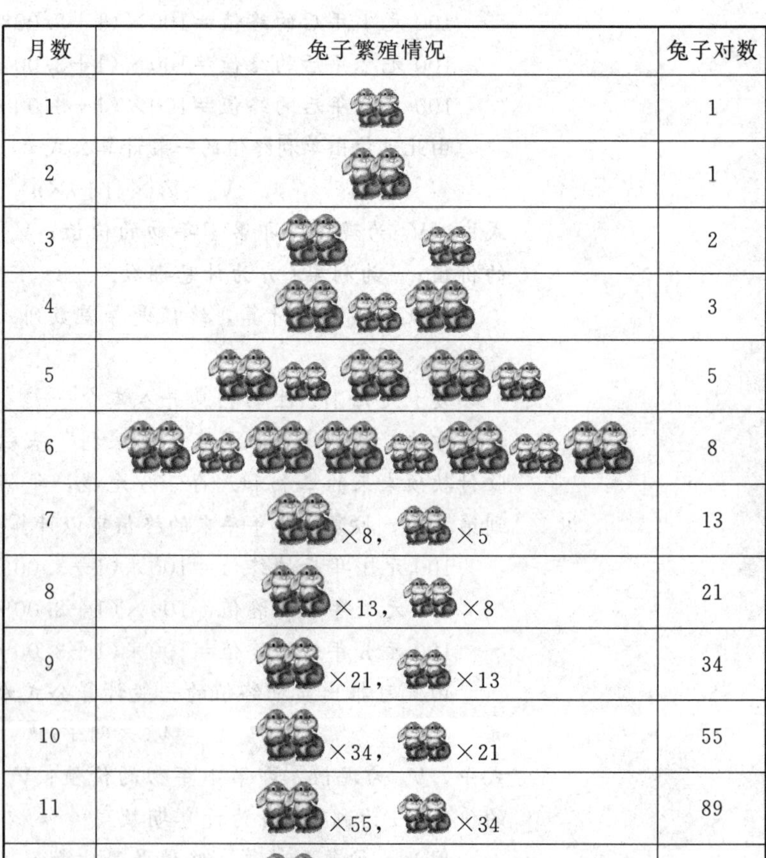

月数	兔子繁殖情况	兔子对数
1		1
2		1
3		2
4		3
5		5
6		8
7	×8， ×5	13
8	×13， ×8	21
9	×21， ×13	34
10	×34， ×21	55
11	×55， ×34	89
12	×89， ×55	144

从表中可以看出，前一个月所有兔子的总对数即是这个月成熟兔子的对数，而前一个月成熟兔子的总对数即是这个月初生兔子的对数．以 a_n 表示第 n 个月兔子对数，则不难得到一个递推公式

$$a_1=1,\ a_2=1,\ a_n=a_{n-1}+a_{n-2}\ (n=3,\ 4,\ 5,\ \cdots)$$

应用递推式逐项计算，可以得到一个数列，这个数列就是著名的斐波那契数列．

斐波那契数列有很多奇妙的属性，如从数列的第二项开始，每个奇数项的平方都比前后两项之积多1，每个偶数项的平方都比前后两项之积少1．一个有趣的“魔术”就是利用了这一性质．

把一个边长为8厘米的正方形按下左图划分，然后再拼成如下右图所示的长方形．

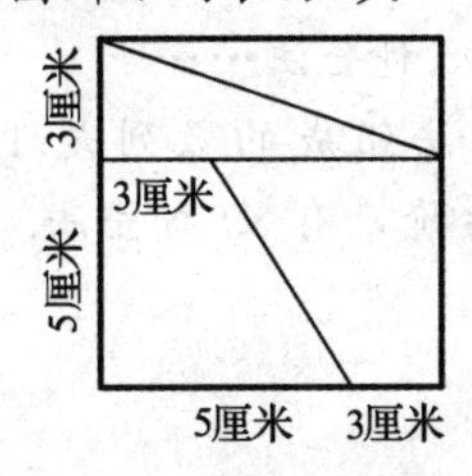

其中，正方形的面积是

$$8\times 8=64\ (\text{厘米}^2)$$

而长方形的面积却是

$$13\times 5=65\ (\text{厘米}^2)$$

经过几下简单的切割和拼接，一个面积为64厘米^{2}的正方形“变成”了一个面积为65厘米^{2}的长方形．其实这正是利用了斐波那契数列的上述性质．长方形的长5、正方形的边长8、长方形的宽13是斐波那契数列中相邻的三项，由于 $5+8=13$，所以很容易按照上图所示方式将正方形分割成四份，并重新拼接成长方形．事实上前后两块的面积确实差1厘米^2，只不过后面那个长方形中的“对角线”并非直线，而是一条很小的狭缝，一般人不容易注意到．类似地，用同样的方法还可以在斐波那契数列中选择其他的数，构造如“441变成442”等情形．

二、与斐波那契数列相关的问题

斐波那契数列与现实世界的联系十分广泛．这里仅举两个例子．

1．树木生长

在树木的生长过程中，因为新生的枝条往往需要一段“休

息”时间，供自身生长，而后才能萌发新枝，所以，一株树苗枝条的发育往往有以下规律：第一年长出一条新枝；第二年新枝“休息”，老枝依旧萌发；此后，老枝与“休息”过一年的枝条同时萌发，当年生的新枝则次年“休息”．这样，一株树木各个年份的枝条数，便构成斐波那契数列．这个规律，就是生物学上著名的“鲁德维格定律”．

2. 攀登楼梯

一段楼梯有10级台阶，规定每一步只能跨一级或两级，要登上第10级台阶有几种不同的走法？

这就是一个斐波那契数列：登上第1级台阶有1种登法；登上第2级台阶，有2种登法；登上第3级台阶，有3种登法；登上第4级台阶，有5种登法……

攀登楼梯的方法组成的数列是1，2，3，5，8，13，…所以，登上第10级台阶，有89种登法．

第2章

排列与组合

组合数学是一个古老而又年轻的数学分支，趣味性较强．排列组合是组合数学最基本的概念，也是组合数学研究的中心问题之一．解决这类问题往往需要较强的组合思维、巧妙的组合方法和熟练的组合技巧．因此对学生思维训练有着重要作用．它对数学其他分支如概率与数理统计等都起着重要的作用．

知识框图

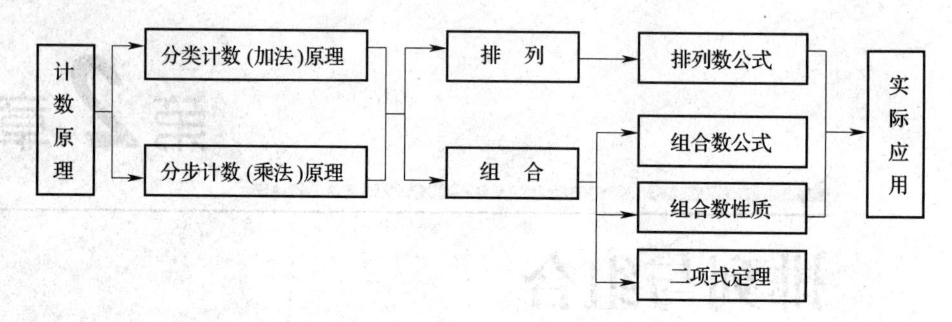

教学要求

1. 能根据实际情境，运用分类计数（加法）原理和分步计数（乘法）原理解决一些简单的问题.

2. 能根据实际情境，把实际问题归结为排列或组合问题，并能运用排列或组合的知识解决它们.

3. 学会使用计算器正确计算排列数和组合数.

4. 了解二项式定理，并了解二项式定理的简单应用.

2.1 计数原理

实例考察

问题 1　如图2-1所示，某人从甲地到乙地，可以乘汽车、轮船或火车，一天中汽车有 3 班、轮船有 2 班、火车有 1 班. 那么，一天中乘坐这些交通工具从甲地到乙地共有多少种不同的走法？

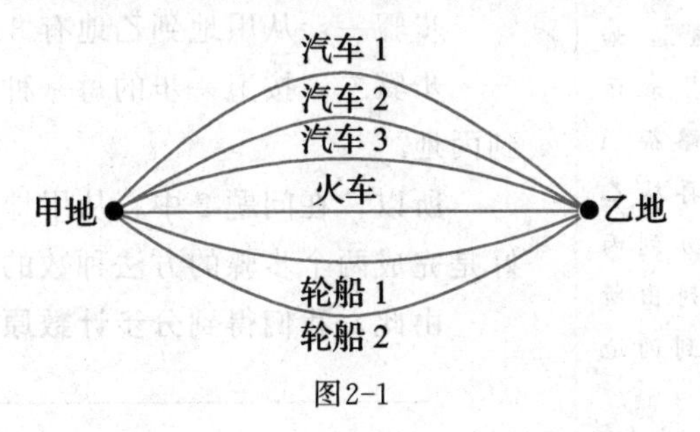

图2-1

问题 2　如图2-2所示，某人从甲地出发，经过乙地到达丙地. 从甲地到乙地有 A，B，C 共 3 条路可走；从乙地到丙地有 a，b 共 2 条路可走. 那么，从甲地经过乙地到丙地共有多少种不同的走法？

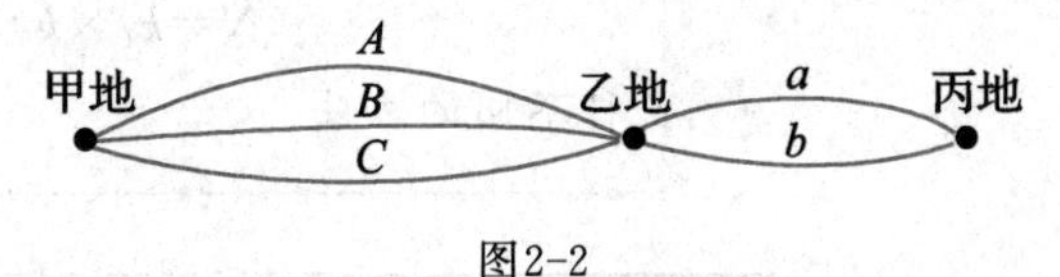

图2-2

对于问题 1，从甲地到乙地，有 3 类不同的交通方式：乘汽车、乘轮船、乘火车. 使用这 3 类交通方式中的任何一类都能从甲地到达乙地. 所以某人从甲地到乙地的不同走法的种数，恰好是各类走法种数之和，也就是 3＋2＋1＝6 种.

由此，我们得到**分类计数原理（加法原理）**：

如果完成一件事有 n 类办法，在第 1 类办法中有 k_1 种不同的方法，在第 2 类办法中有 k_2 种不同的方法……在第 n 类办法中有 k_n 种不同的方法，那么，完成这件事共有

$$N=k_1+k_2+\cdots+k_n$$

种不同的方法.

对于问题 2，如果用“Aa”表示从甲地由路径 A 到乙地，再从乙地由路径 a 到丙地，请你列出所有从甲地到丙地的走法.

问题 2 与问题 1 不同. 在问题 1 中，采用任何一类交通方式都可以直接从甲地到乙地. 在问题 2 中，从甲地到丙地必须经过乙地，即要分两个步骤来走.

步骤一：从甲地到乙地有 3 种走法.

步骤二：按上一步的每一种走法到乙地后，又都有 2 种走法到丙地.

所以，在问题 2 中，从甲地经过乙地到丙地的不同走法，正好是完成两个步骤的方法种数的乘积，即 $3\times2=6$ 种.

由此，我们得到**分步计数原理（乘法原理）**：

如果一件事需要分成 n 个步骤完成，做第 1 步有 k_1 种不同的方法，做第 2 步有 k_2 种不同的方法……做第 n 步有 k_n 种不同的方法，那么，完成这件事共有

$$N=k_1\times k_2\times\cdots\times k_n$$

种不同的方法.

例题解析

例 1 某校评选的优秀毕业生中，机械加工类有 10 人，建筑工程类有 8 人，现代服务类有 5 人，电工电子类有 6 人.

(1) 从这四类专业中选出 1 名优秀毕业生出席全省优秀毕业生表彰会，有多少种不同的选法？

(2) 从这四类专业中各选出 1 名优秀毕业生，参加校优秀毕业生报告会，有多少种不同的选法？

解 (1) 选1名优秀毕业生出席全省优秀毕业生表彰会，有4类办法：第Ⅰ类办法从机械加工类选出，可以从10人中选1人；第Ⅱ类办法从建筑工程类选出，可以从8人中选1人；第Ⅲ类办法从现代服务类选出，可以从5人中选1人；第Ⅳ类办法从电工电子类选出，可以从6人中选1人.

根据分类计数原理，得到不同选法有

$$N=10+8+5+6=29\text{（种）}$$

(2) 从这四类专业中各选出1名优秀毕业生，参加校优秀毕业生报告会，可以分成四个步骤完成：第1步从机械加工类中选1人，共10种选法；第2步从建筑工程类中选1人，共8种选法；第3步从现代服务类中选1人，共5种选法；第4步从电工电子类中选1人，共6种选法.

根据分步计数原理，得到不同选法有

$$N=10\times8\times5\times6=2\,400\text{（种）}$$

例2 甲、乙两个同学做“石头、剪刀、布”的游戏，出手一次共有多少种不同的情况发生？如果三个人做此游戏，出手一次又有多少种不同的情况发生？

分析 虽然甲、乙两个同学是同时出手，但不妨看作甲先出手、乙后出手，这是两个接连进行的过程.

解 甲出手有3种选择，乙出手也有3种选择，所以两人做此游戏出手一次共有$3\times3=9$种不同的情况.

类似地，如果甲、乙、丙三人做此游戏，出手一次共有$3\times3\times3=27$种不同的情况.

知识巩固

1. 在一次读书活动中，指定的书目包括：不同的文学书3本，历史书5本，科技书7本，某同学任意选读其中1本，共有多少种不同的选法？

2. 某班三好学生中男生有5人，女生有4人，从中任选1人去领奖，共有多少种不同的选法？从中任选男女各1人去参加座谈会，共有多少种不同的选法？

3. 某手机生产厂为某种机芯设计了3种不同的外形，每种外形又有5种不同色彩的外壳及6种不同的屏幕背景灯光. 这种手机共可设计多少种不同的款式？

2.2 排列

实例考察

在工作和生活中有很多需要选取并安排人或事物的问题．针对某个具体问题，人们往往需要知道共有多少种选择方法．考察下面的两个例子，并按要求填写表格．

安排班次 要从甲、乙、丙 3 名工人（图2-3）中选取 2 名，分别安排上日班和晚班，找出所有的选择方法，将表2-1补充完整．

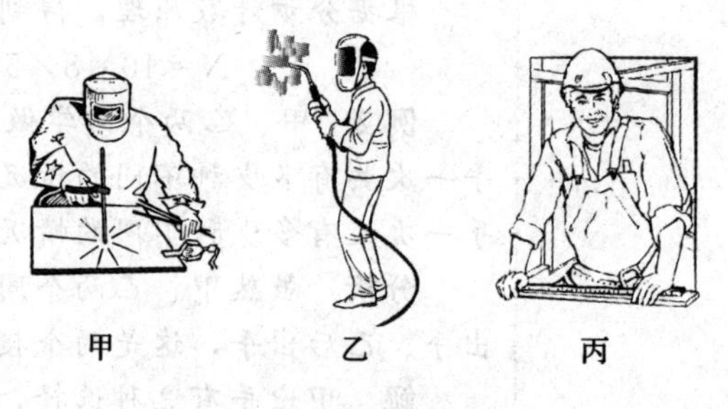

图2-3

表2-1 安排班次选择方法

选择方法序号	1	
日班	甲	
晚班	乙	

放置小球 有分别编号的 4 个小球和 3 个盒子（图2-4），要选取其中的 3 个小球分别放入盒子中，每个盒子只能放一个球，表2-2已给出两种放置方法，请你补充列出其余所有方法．

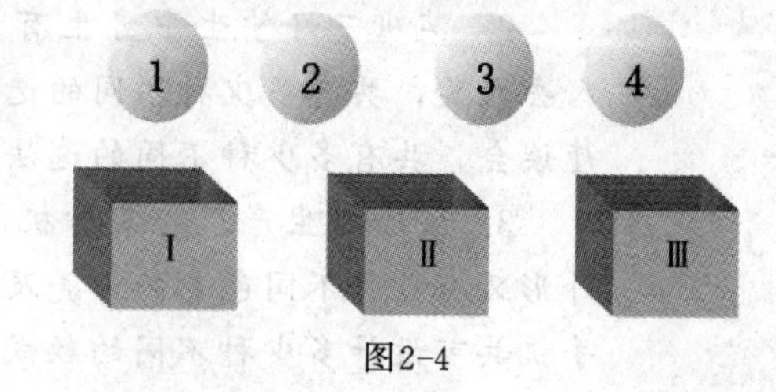

图2-4

表2-2　　小球排放方式

盒号	Ⅰ	Ⅱ	Ⅲ
小球排放方式	1	2	3
	1	2	4

排列与排列数的概念

本节实例考察中“安排班次”的问题，共有

甲乙　甲丙　乙甲　乙丙　丙甲　丙乙

6 种不同的选择方法.

这个问题也可以分 2 个步骤来完成：第 1 步，从甲、乙、丙 3 个工人中选取一人上日班，共有 3 种选择；第 2 步，从另外 2 人中选取一人上晚班，共有 2 种选择. 由分步计数原理，得不同的选取方法共有

$$3\times2=6\text{（种）}$$

这里，甲、乙、丙都是研究的对象. 我们一般把研究的对象称为**元素**. 对日班和晚班的安排，就是将所选元素排一个顺序。由此可知，“安排班次”这一实例的特点是：从 3 个不同元素中任意选择 2 个元素，并按一定的顺序排成一列.

本节实例考察中的“放置小球”的问题，共有

123	124	132	134	142	143
213	214	231	234	241	243
312	314	321	324	341	342
412	413	421	423	431	432

24 种不同的放置方法.

“放置小球”问题也可以分 3 个步骤来完成：第 1 步，从 4 个小球中取出一个放入盒子Ⅰ中，共有 4 种不同的取法；第 2 步，从余下的 3 个小球中取出一个放入盒子Ⅱ中，共有 3 种不同的取法；第 3 步，从前两步余下的 2 个小球中取出一个放入盒子Ⅲ中，共有 2 种不同的取法. 由分步计数原理，得不同的放置方法共有

$$4\times3\times2=24\text{（种）}$$

这里的4个小球都是元素．将选出的3个小球分别放入盒子Ⅰ，Ⅱ，Ⅲ中，就是为所选元素排一个顺序．由此可知，“放置小球”这一实例的特点是：从4个不同元素中任意选择3个元素，并按一定的顺序排成一列．

> 一般地，从 n 个不同的元素中任取 m 个元素（$n, m\in \mathbf{N}^*$，$m\leqslant n$），按照一定的顺序排成一列，称为从 n 个不同的元素中取出 m 个元素的一个**排列**.

由上述定义可知，对于从 n 个不同的元素中取出 m（$m\leqslant n$）个元素的排列中，任意两个不同的排列可分为两种情形：

提示

排列与“顺序”有关.

1．两个排列中的元素不完全相同．例如，“放置小球”问题中，123与124是两个不同的排列．

2．两个排列中的元素相同，但排列的顺序不相同．例如，“放置小球”问题中，123与321是两个不同的排列．

只有元素相同且元素排列的顺序也相同的两个排列才是相同的排列．

> 从 n 个不同元素中取 m 个元素（$n, m\in \mathbf{N}^*$，$m\leqslant n$）的所有排列的个数，称为从 n 个不同的元素中取出 m 个元素的**排列数**，用符号 A_n^m 表示.

提示

A是英文alignment（排列）的第一个字母.

“安排班次”问题是求从3个不同元素中任意取出2个元素的排列数 A_3^2．根据前面的计算可知

$$A_3^2 = 3\times 2 = 6$$

“放置小球”问题是求从4个不同元素中任意取出3个元素的排列数 A_4^3．根据前面的计算可知

$$A_4^3 = 4\times 3\times 2 = 24$$

知识巩固 1

1．判断下列问题是不是求排列数的问题，如果是，请写出相应的排列数的符号：

（1）把5只苹果平均分给5个同学，计算共有多少种分配方法；

（2）从5只苹果中取出2只给某位同学，计算共有多少种选择方法；

（3）10个人互写一封信，计算共写多少封信；

(4) 10个人互通一次电话，计算共通几次电话.

2. 按要求写出排列，并写出相应的排列数的符号：

(1) 3个元素a，b，c全部取出的所有排列；

(2) 从5个元素a，b，c，d，e中任取2个元素的所有排列.

排列数公式

首先，我们来计算排列数A_5^2.

求排列数A_5^2可以这样考虑：假定有排好顺序的2个空位(图2-5)，从5个不同元素a_1，a_2，a_3，a_4，a_5中任取2个去填空，一个空位填一个元素，每一种填法就对应一个排列. 因此，所有不同的填法的种数就是排列数A_5^2.

第1位	第2位
↑ 5种	↑ 4种

图2-5

那么有多少种不同的填法呢？事实上，填空可分为两个步骤：

第1步，从5个元素中任选1个元素填入第1位，有5种填法.

第2步，从剩下的4个元素中任选1个元素填入第2位，有4种填法.

于是，根据分步计数原理得到排列数

$$A_5^2=5\times4=20$$

求排列数A_n^m同样可以这样考虑：假定有排好顺序的m个空位(图2-6)，从n个不同的元素a_1，a_2，a_3，…，a_n中任取m个去填空，一个空位填一个元素，每一种填法就对应一个排列. 因此，所有不同的填法的种数就是排列数A_n^m.

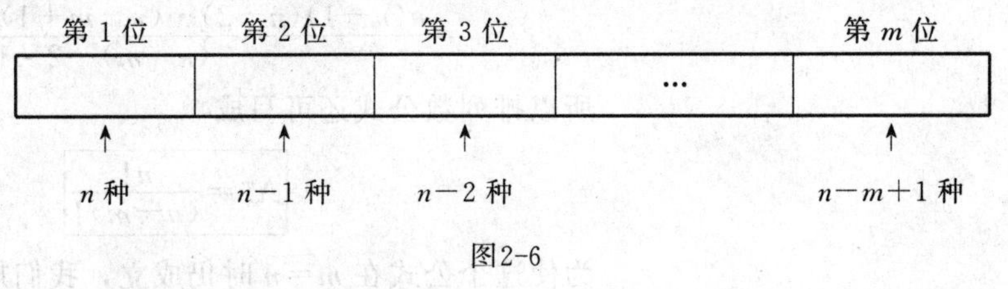

图2-6

填空可分为m个步骤：

第1步，从n个元素中任选1个元素填入第1位，有n种填法.

第2步，从第1步选剩的$n-1$个元素中任选1个元素填入第2位，有$n-1$种填法.

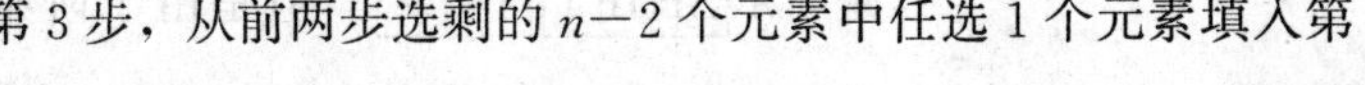

第3步，从前两步选剩的$n-2$个元素中任选1个元素填入第3

位，有 $n-2$ 种填法.

依次类推，当前面的 $m-1$ 个空位都填上后，只剩下 $n-m+1$ 个元素，从中任选一个元素填入第 m 位，有 $n-m+1$ 种填法.

根据分步计数原理，全部填满 m 个空位共有

$$n(n-1)(n-2)\cdots(n-m+1)$$

种填法.

由此可得**排列数公式**：

$$\boxed{A_n^m=n(n-1)(n-2)\cdots(n-m+1)\quad (m\in \mathbf{N}^*)}$$

排列数公式的特点是：等号右边第 1 个因数是 n，后面的每个因数都比它前面一个因数少 1，最后一个因数为 $n-m+1$，共有 m 个因数相乘. 例如：

$$A_5^3=5\times4\times3=60$$

$$A_8^2=8\times7=56$$

$$A_6^6=6\times5\times4\times3\times2\times1=720$$

从 n 个不同元素中取出全部 n 个元素的一个排列称为 n 个元素的一个**全排列**. 这时排列数公式中 $m=n$，即有

$$A_n^n=n\times(n-1)\times(n-2)\times\cdots\times3\times2\times1$$

因此，n 个不同元素的全排列数等于正整数 1，2，3，…，n 的连乘积. 正整数 1，2，3，…，n 的连乘积称为 n 的**阶乘**，记作 $n!$，即

$$A_n^n=n!$$

因为 $A_n^m=n(n-1)(n-2)\cdots(n-m+1)$

$$=\frac{n(n-1)(n-2)\cdots(n-m+1)(n-m)\cdots2\cdot1}{(n-m)\cdots2\cdot1}$$

所以排列数公式还可写成

$$\boxed{A_n^m=\frac{n!}{(n-m)!}}$$

为使这个公式在 $m=n$ 时仍成立，我们规定

$$0!=1$$

排列数 A_n^m 和全排列数 $A_n^n=n!$ 也可以用计算器直接计算. 计算 A_n^m 的按键顺序是：n [SHIFT] [nPr] m [=]；计算 $n!$ 的按键顺序是：n [SHIFT] [x!] [=]. 但是由于阶乘结果的增长速度是非常快

的，一般的十位计算器可以用十进制直接表示13!的结果，14!的结果则以科学记数法表示.

例题解析

例 1 计算下列各题：

(1) A_{10}^4；(2) A_5^5.

解 (1) $A_{10}^4=10\times9\times8\times7=5\ 040$；

(2) $A_5^5=5!=5\times4\times3\times2\times1=120$.

本题也可以直接用计算器计算.

计算 A_{10}^4 的按键过程为：10 [SHIFT] [nPr] 4 [=].

计算 A_5^5 的按键过程为：5 [SHIFT] [x!] [=].

例 2 若 $A_n^2=20$，求 n.

> 想一想
>
> 为什么 $n=0$ 要舍去？

解 由于 $A_n^2=n(n-1)=20$

即
$$n^2-n-20=0$$
解得
$$n=-4\ (\text{舍去})\ 或\ n=5$$
所以
$$n=5$$

例 3 某篮球联赛共有 20 支队伍参加，每队都要与其余各队在主、客场分别比赛 1 场，共进行多少场比赛？

解 任意 2 队之间进行 1 次主场比赛与 1 次客场比赛，都对应于从 20 个元素中任意取 2 个元素的一个排列，因此比赛的总场次是

$$A_{20}^2=20\times19=380\ (\text{场})$$

例 4 某信号兵用红、黄、蓝 3 面旗挂在竖直的旗杆上表示信号，每次可以任挂 1 面、2 面或 3 面，并且不同的悬挂顺序表示不同的信号，一共可以表示多少种信号？

解 用 1 面旗表示的信号有 A_3^1 种，用 2 面旗表示的信号有 A_3^2 种，用 3 面旗表示的信号有 A_3^3 种. 根据分类计数原理，所求信号种数是

$$A_3^1+A_3^2+A_3^3=3+3\times2+3\times2\times1=15\ (\text{种})$$

例 5 用 0～9 这 10 个数字可以组成多少个没有重复数字的三位数？

解法 1 符合条件的三位数可以分为 3 类.

提示

例5的3种解法是解排列问题的3种基本方法. 其中解法1是将做这件事看作分类完成的，依据是分类计数原理. 解法2是将做这件事看作分步完成的，依据是分步计数原理. 解法3是一种逆向思维方法：先求不加限制条件的排列数，再减去不符合条件的排列数.

第1类：每位数字都不是0的三位数，有A_9^3个.

第2类：个位数字是0的三位数，有A_9^2个.

第3类：十位数字是0的三位数，有A_9^2个.

根据分类计数原理，符合条件的三位数的个数是

$$A_9^3+A_9^2+A_9^2=648\text{（个）}$$

解法2 因为百位上的数字不能是0，所以可分两个步骤来完成.

第1步，先排百位上的数字，它只能从除0以外的1～9这9个数字中任选一个，有A_9^1种选法.

第2步，再排十位和个位上的数字，它可以从余下的9个数字（包括0）中任选两个，有A_9^2种选法.

根据分步计数原理，所求的三位数的个数是

$$A_9^1A_9^2=648\text{（个）}$$

解法3 从0～9这10个数字中任选3个数字的排列数为A_{10}^3，其中0排在百位上的排列数为A_9^2，因此所求的三位数的个数是

$$A_{10}^3-A_9^2=648\text{（个）}$$

例6 以所有26个英文字符组成一个26位的密码，规定在一个密码中不出现相同的字符，那么可以组成多少种不同的密码？以单台计算机去解密，若计算机解密的速度是每秒钟检查10^7个不同的密码，那么最多需要多少时间才能解密？（结果以年为单位，保留6位有效数字）

解 26个英文字符是26个不同的元素，一个密码是26个元素的一个全排列，总计密码数是26的全排列数. 所以组成的密码数是26!.

计算机解密耗时最长的情况是直到最后一个才检查到设置的密码，此时耗时T为

$$\begin{aligned}T&=26!\div10^7\\&\approx4.032\,91\times10^{19}\text{（秒）}\\&\approx1.278\,83\times10^{12}\text{（年）}\end{aligned}$$

所以，用题中所给计算机解密，最多需要时间约为12 788.3亿年.

知识巩固 2

1. 计算：

(1) A_5^4；(2) A_9^4；(3) A_7^7；(4) $A_{10}^5-7A_{10}^3$.

2. 若 $A_n^2=56n$，求 n.

3. (1) 由 1，2，3，4，5 可以组成多少没有重复数字的三位数？

(2) 由 1，2，3，4，5 可以组成多少没有重复数字的正整数？

4. 用排列数计算：

(1) 7 人排队，甲必须站在正中间有多少种排法？

(2) 7 人排队，甲、乙必须站头尾有多少种排法？

2.3 组合

实例考察

在一个4人（甲、乙、丙、丁）参加的小型工作会议上，任何一位与会者都要同其他与会者每人握手一次．表2-3已给出两次握手的双方名单，请你根据图2-7的提示，补充列出其他各次握手的双方名单．

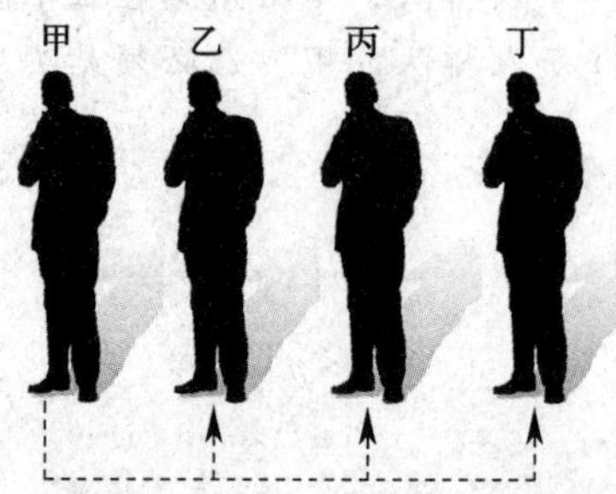

图2-7

表2-3 各次握手的双方名单

序号	握手一方	握手另一方
①	甲	乙
②	甲	丙

实际上，列出各次握手的双方名单就是要从4个人中选出两人，且不计两人间的顺序，并将各种选法罗列出来．从这种思路出发，尝试解决下面的问题．

问题　要从甲、乙、丙3名工人中选取2名共同值晚班，有多少种选择方法？请逐一列出．

组合与组合数的概念

实例考察中的问题是选出 2 名工人共同值晚班．这与选出 2 名工人分别值日班和晚班是不同的．共同值晚班的 2 人没有班次差别，即不计 2 人的顺序．因此，从 3 名工人中选 2 人共同值晚班共有 3 种选法：甲乙、甲丙、乙丙．

上述问题可以看成从 3 个元素中任取 2 个元素，不计顺序组成一组，求一共有多少个不同的组．

提 示

C 是英文 combination 的第一个字母．

想一想

组合问题与排列问题有什么不同？

一般地，从 n 个不同元素中取出 m 个元素（$n, m \in \mathbf{N}^*$，$m \leqslant n$），不考虑顺序组成一组，称为从 n 个不同元素中取出 m 个元素的一个**组合**．从 n 个不同元素中取出 m（$m \leqslant n$）个元素的所有组合的个数，称为从 n 个不同元素中取出 m 个元素的**组合数**，用符号 C_n^m 表示．

例题解析

例 判断下列问题是排列问题还是组合问题，并写出相应排列数或组合数的符号．

（1）从 5 个风景点中选出 2 个安排游览，有多少种不同的选法？

（2）从一个 40 人的班级中选出 12 名同学生参加拔河比赛，共有多少种选法？从班级中选出 5 名同学参加乒乓球、跳绳、定点投篮、唱歌、书法 5 项不同的比赛，共有多少种选法？

解 （1）从 5 个风景点中选出 2 个安排游览与顺序无关，所以是组合问题，共有 C_5^2 种选法．

（2）由于参加拔河比赛的同学作为一个整体，与顺序无关，所以是组合问题，共有 C_{40}^{12} 种选法．

从班级中选出 5 名同学参加乒乓球、跳绳、定点投篮、唱歌、书法 5 项不同的比赛，由于比赛项目不同，所以与选择的顺序有关，因此是排列问题，共有 A_{40}^{12} 种选法．

知识巩固 1

1. 把下列问题归结为组合问题，并写出相应的组合数的符号：

(1) 6 位朋友互相握手道别，共握手多少次？

(2) 6 道习题任意选做 4 道题，有多少种不同的选法？

(3) 正 16 边形有多少条对角线？

2. 按要求写出下列组合：

(1) 从 5 个元素 a，b，c，d，e 中任取 2 个元素的所有组合；

(2) 从 4 个元素 a，b，c，d 中任取 3 个元素的所有组合.

组合数公式

下面我们从研究排列数 A_n^m 与组合数 C_n^m 的关系入手，找出组合数 C_n^m 的计算公式.

从 4 个不同元素 a，b，c，d 中取出 3 个元素的排列与组合的关系如图2-8所示.

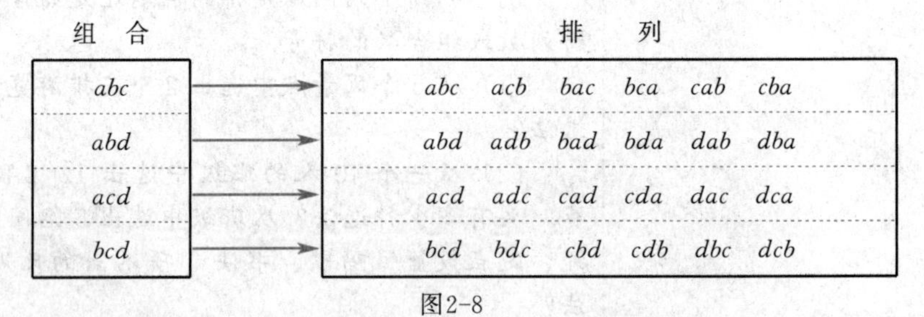

图2-8

从图2-8可以看出，每一个组合都对应 6 种不同的排列. 因此，从 4 个不同元素中取 3 个元素的排列数 A_4^3，可以按以下两步来求得.

第 1 步，从 4 个不同元素中取出 3 个元素作组合，共有 C_4^3 种.

第 2 步，对每一个组合中的 3 个不同元素作全排列，各有 $A_3^3=6$ 种.

根据分步计数原理，得

$$A_4^3 = C_4^3 A_3^3$$

因此
$$C_4^3 = \frac{A_4^3}{A_3^3}$$

通常，从 n 个不同元素中取出 m 个元素的排列数 A_n^m，可以按以下两步求得.

第 1 步，先求出从 n 个不同元素中取出 m 个元素的组合数 C_n^m.

第 2 步，求每一个组合中 m 个元素的全排列数 A_m^m.

根据分步计数原理，得

$$A_n^m = C_n^m A_m^m$$

由此得到**组合数公式**：

$$C_n^m = \frac{A_n^m}{A_m^m} = \frac{n(n-1)(n-2)\cdots(n-m+1)}{m!} \quad (m \in \mathbf{N}^*)$$

根据组合数公式，当 $m=n$ 时有

$$C_n^m = C_n^n = 1$$

上式很好理解：在不考虑顺序的前提下，要选出 n 个元素组成一组，而元素的总数恰好只有 n 个，显然只有一种选法，就是把这 n 个元素全部选出.

因为

$$A_n^m = \frac{n!}{(n-m)!}$$

所以组合数公式还可写成

$$C_n^m = \frac{n!}{m!(n-m)!}$$

组合数 C_n^m 同样也可以利用计算器直接计算，其按键顺序是：n [nCr] m [=].

例题解析

例 1　计算：

(1) C_8^2；(2) C_{10}^7.

解　(1) $C_8^2 = \dfrac{8\times7}{2!} = 28$

(2) $C_{10}^7 = \dfrac{10\times9\times8\times7\times6\times5\times4}{7!} = 120$

例 2 平面内有 10 个点，求：

（1）以其中每 2 个点为端点的线段共有多少条？

（2）以其中每 2 个点为端点的有向线段共有多少条？

解 （1）以平面内 10 个点中每 2 个点为端点的线段条数，就是从 10 个不同元素中取出 2 个元素的组合数，即

$$C_{10}^{2}=\frac{10\times9}{2\times1}=45\text{（条）}$$

（2）由于有向线段的两个端点一个为起点，一个为终点，以平面内 10 个点中每 2 个点为端点的有向线段条数，就是从 10 个不同元素中取出 2 个元素的排列数，即

$$A_{10}^{2}=10\times9=90\text{（条）}$$

例 3 一个口袋内装有大小相同的 7 个白球和 1 个红球，从口袋内取出 3 个球，求：

（1）共有多少种取法？

（2）使其中含有一个红球，有多少种取法？

（3）使其中不含有红球，有多少种取法？

解 （1）从口袋内的 8 个球中取出 3 个球，取法种数是

$$C_{8}^{3}=\frac{8\times7\times6}{3\times2\times1}=56\text{（种）}$$

（2）从口袋内取出的 3 个球中有一个是红球，还须从 7 个白球中再取 2 个，取法种数是

$$C_{7}^{2}=\frac{7\times6}{2\times1}=21\text{（种）}$$

（3）由于所取的 3 个球不含红球，即从 7 个白球中取出 3 个球，取法种数是

$$C_{7}^{3}=\frac{7\times6\times5}{3\times2\times1}=35\text{（种）}$$

例 4 100 件商品中含有 3 件次品，其余都是正品，从中任取 3 件：

（1）3 件都是正品，有多少种不同的取法？

（2）3 件中恰有 1 件次品，有多少种不同的取法？

（3）3 件中最多有 1 件次品，有多少种不同的取法？

（4）3 件中至少有 1 件次品，有多少种不同的取法？

解 (1) 因为3件都是正品，所以应从97件正品中取，所有不同取法的种数是

$$C_{97}^{3}=\frac{97\times96\times95}{3\times2\times1}=147\ 440\text{（种）}$$

(2) 从97件正品中取2件，有C_{97}^{2}种取法；从3件次品中取1件，有C_{3}^{1}种取法. 因此，根据分步计数原理，任取的3件中恰有1件次品的不同取法的种数是

$$C_{97}^{2}C_{3}^{1}=\frac{97\times96}{2\times1}\times3=13\ 968\text{（种）}$$

(3) 3件中最多有1件次品的取法，包括只有1件是次品和没有次品两种，其中只有1件是次品的取法有$C_{97}^{2}C_{3}^{1}$种，没有次品的取法有C_{97}^{3}种. 因此，3件中最多有1件次品的取法的种数是

$$C_{97}^{2}C_{3}^{1}+C_{97}^{3}=13\ 968+147\ 440=161\ 408\text{（种）}$$

(4) 3件中至少有1件次品的取法，包括1件是次品，2件是次品和3件是次品，因此3件中至少有1件次品的取法的种数是

$$C_{97}^{2}C_{3}^{1}+C_{97}^{1}C_{3}^{2}+C_{3}^{3}=13\ 968+291+1=14\ 260\text{（种）}$$

第(4)题也可以这样解：从100件商品中任取3件的取法的种数是C_{100}^{3}，在这些取法中，包含了3件全部是合格品的情形，必须去掉，其他取法都符合题目要求. 3件全部是合格品的取法的种数是C_{97}^{3}. 因此，取出的3件中至少有1件是次品的取法的种数是

$$C_{100}^{3}-C_{97}^{3}=161\ 700-147\ 440=14\ 260\text{（种）}$$

知识巩固 2

1. 计算：

(1) C_{7}^{3}；(2) C_{12}^{4}；(3) C_{12}^{8}；(4) $C_{4}^{1}+C_{4}^{2}+C_{4}^{3}+C_{4}^{4}$.

2. 平面内有8个点，其中只有3个点在一条直线上，过每2个点作一条直线，一共可以作几条直线？

3. 从 2，3，5，7，11 这 5 个数中任取 2 个相加，可以得到多少个不同的和？

4. 平面内有 12 个点，任何 3 个点不在同一直线上，以每 3 个点为顶点画一个三角形，一共可以画多少个三角形？

5. 一次小型聚会，每一个与会者都和其他与会者握一次手，共有 15 次握手，问有多少人参加这次聚会？

组合数的性质

从前面知识巩固 2 第 1 题的(2)(3)小题可知

$$C_{12}^{8}=C_{12}^{4}=495$$

类似的例子还有很多，比如

$$C_5^3=C_5^2=10，C_5^1=C_5^4=5$$

$$C_{10}^8=C_{10}^2=45，C_{12}^9=C_{12}^3=220$$

在一般情况下也是如此：从 n 个元素中选出 m 个元素的组合数，与从 n 个元素中选出 $n-m$ 个元素的组合数是相等的.

由此，得到组合数的一种重要性质

$$\boxed{C_n^m=C_n^{n-m}}$$

提 示

为了使这个性质在$n=m$时也成立，我们规定 $C_n^0=1$.

例题解析

例 1 计算：

(1) C_{60}^{57}；(2) C_{200}^{198}.

解 (1) $C_{60}^{57}=C_{60}^{3}=\dfrac{60\times59\times58}{3\times2\times1}=34\ 220$

(2) $C_{200}^{198}=C_{200}^{2}=\dfrac{200\times199}{2\times1}=19\ 900$

例 2 已知 $C_{10}^{n}=C_{10}^{3n-2}$，求 n.

解 为使 $C_{10}^{n}=C_{10}^{3n-2}$，可令 $n=3n-2$，即 $n=1$.

又因为 $C_{10}^{n}=C_{10}^{10-n}$，所以 $C_{10}^{10-n}=C_{10}^{3n-2}$ 成立.

也可令 $10-n=3n-2$，即 $n=3$.

因此，$n=1$ 或 $n=3$.

知识巩固 3

1. 计算：

(1) C_{100}^{97}；(2) C_{30}^{27}.

2. 已知 $C_{11}^{n}=C_{11}^{n-3}$，求 n.

实践活动

马路上有 9 盏路灯，编号为 1～9. 为节约能源，且不影响照明，现要关掉其中 3 盏，但相邻的路灯不能同时关闭，两端的路灯不能关闭，求满足条件的关灯方案有几种.

拓展内容

2.4 二项式定理

实例考察

我们知道

$$(a+b)^1=a+b$$

$$(a+b)^2=a^2+2ab+b^2$$

通过计算可得到

$$(a+b)^3=a^3+3a^2b+3ab^2+b^3$$

那么，$(a+b)^4$ 展开后的各项又是什么呢？

将$(a+b)^4$ 展开后，等号右边的积的展开的每一项，是从每个括号里任取一个字母的乘积，因而各项都是 4 次式，即展开式应有下面形式的各项：

$$a^4，a^3b，a^2b^2，ab^3，b^4$$

现在来看一看上面各项在展开式中出现的个数，也就是展开式各项的系数是什么.

在上面 4 个括号中：

每个都不取 b 的情况有 1 种，即 C_4^0 种，所以 a^4 的系数是 C_4^0；

恰有 1 个取 b 的情况有 C_4^1种，所以 a^3b 的系数是 C_4^1；

恰有 2 个取 b 的情况有 C_4^2种，所以 a^2b^2 的系数是 C_4^2；

恰有 3 个取 b 的情况有 C_4^3 种，所以 ab^3 的系数是 C_4^3；

4 个都取 b 的情况有 C_4^4 种，所以 b^4的系数是 C_4^4.

因此

$$(a+b)^4=C_4^0a^4+C_4^1a^3b+C_4^2a^2b^2+C_4^3ab^3+C_4^4b^4$$

一般地，对于任意正整数 n，有下面的公式

$$\boxed{(a+b)^n=C_n^0a^n+C_n^1a^{n-1}b+\cdots+C_n^ra^{n-r}b^r+\cdots+C_n^nb^n\quad(n\in\mathbf{N}^*)}$$

这个公式所表示的规律叫作**二项式定理**，右边的多项式叫作

$(a+b)^n$ 的**二项展开式**，它一共有 $n+1$ 项，其中各项的系数 C_n^r $(r=0, 1, 2, \cdots, n)$ 叫作**二项式系数**，式中的 $C_n^r a^{n-r} b^r$ 叫作**二项展开式的通项**，用 T_{r+1} 表示，T_{r+1} 表示的是二项展开式的第 $r+1$ 项，我们将

$$T_{r+1}=C_n^r a^{n-r} b^r$$

叫作**二项展开式的通项公式**，其中 C_n^r 为第 $r+1$ 项的二项式系数. 它在研究二项式过程中有极其重要的作用.

在二项式定理中，如果设 $a=1$，$b=x$，则得到公式

$$(1+x)^n=C_n^0+C_n^1 x+\cdots+C_n^r x^r+\cdots+C_n^n x^n$$

例题解析

例 1 求 $(1-2x)^4$ 的展开式.

解
$$\begin{aligned}(1-2x)^4 &=C_4^0\times 1^4\times(-2x)^0+C_4^1\times 1^3\times(-2x)^1\\&\quad+C_4^2\times 1^2\times(-2x)^2+C_4^3\times 1^1\times(-2x)^3\\&\quad+C_4^4\times 1^0\times(-2x)^4\\&=1-8x+24x^2-32x^3+16x^4\end{aligned}$$

例 2 求 $\left(\dfrac{\sqrt{x}}{3}-\dfrac{3}{\sqrt{x}}\right)^{12}$ 的展开式的中间一项.

解 由于二项式的指数 $n=12$，因此，$\left(\dfrac{\sqrt{x}}{3}-\dfrac{3}{\sqrt{x}}\right)^{12}$ 的展开式共 13 项，中间一项为第七项，即

$$T_7=C_{12}^6\left(\frac{\sqrt{x}}{3}\right)^6\left(-\frac{3}{\sqrt{x}}\right)^6=C_{12}^6=924$$

例 3 求 $(1+2x)^7$ 展开式的第 4 项系数及第 4 项的二项式系数.

解 $(1+2x)^7$ 展开式的第 4 项是

$$\begin{aligned}T_4=T_{3+1}&=C_7^3 1^{7-3}(2x)^3\\&=C_7^3 2^3 x^3\\&=280x^3\end{aligned}$$

所以，展开式第 4 项的系数是 280，第 4 项的二项式系数是 $C_7^3=35$.

注：二项展开式中第 $r+1$ 项的系数与第 $r+1$ 项的二项式系数 C_n^r 是两个不同的概念，一定要区分清楚. 如例 3 中，其第 4 项 $T_{3+1}=C_7^3 1^{7-3}(2x)^3$ 的二项式系数是 $C_7^3=35$；而第 4 项系数是指 x^3 的系数，是 $C_7^3 8=280$.

例 4 求$\left(x-\dfrac{1}{x}\right)^9$的展开式中$x^3$的系数.

解 $\left(x-\dfrac{1}{x}\right)^9$展开式的通项是

$$T_{r+1}=C_9^r x^{9-r}\left(-\frac{1}{x}\right)^r=(-1)^r C_9^r x^{9-2r}$$

根据题意，令 $9-2r=3$

$r=3$

因此，x^3的系数是$(-1)^3C_9^3=-84$.

例 5 求$\left(2\sqrt{x}-\dfrac{1}{\sqrt{x}}\right)^6$的展开式的常数项.

解 所求展开式的通项是

$$T_{r+1}=C_6^r(2\sqrt{x})^{6-r}\left(-\frac{1}{\sqrt{x}}\right)^r=(-1)^r C_6^r 2^{6-r}x^{3-r}$$

根据题意，令 $3-r=0$

$r=3$

因此，常数项是$(-1)^3C_6^3 2^3=-160$.

知识巩固

1. 求$(p+q)^6$和$(p-2q)^5$的展开式.
2. 求$(2a+b)^7$的展开式的第5项.
3. 求$\left(\sqrt[4]{x}-\dfrac{1}{2\sqrt{x}}\right)^6$的展开式的常数项.
4. 求$(x^3-2x)^5$展开式的第3项系数及第3项的二项式系数.

专题阅读

抽屉原理与电脑算命

“电脑算命”看起来很玄奥，只要你报出自己出生的年、月、日和性别，一按按键，屏幕上就会出现描述所谓性格、命运的句子，据说这就是你的“命”.

其实，所谓电脑算命充其量是一种电脑游戏而已．它不过是把人为编好的算命语句像中药那样事先一一存放在各自的“抽屉”里，谁要算命，即根据出生的年、月、日、性别的不同组合，机械地到电脑的各个“抽屉”里取出所谓命运的句子．在这个游戏中，只要是同年同月同日出生的同性别的人，被预测的命运就是相同的．这种预测很荒谬，我们用数学上的抽屉原理很容易说明.

抽屉原理又称鸽笼原理或狄利克雷原理，它是数学中证明存在性的一种特殊方法．举个最简单的例子，把 3 个苹果按任意的方式放入两个抽屉中，那么一定有一个抽屉里放有两个或两个以上的苹果．这是因为如果每一个抽屉里最多放有一个苹果，那么两个抽屉里最多只能放两个苹果，而不能存放下 3 个．运用同样的推理可以得到如下原理：

把多于 mn（m，$n\in\mathbf{N}^*$）个的物体放到 n 个抽屉里，则至少有一个抽屉里有 $m+1$ 个或多于 $m+1$ 个的物体.

我们再来分析电脑算命：如果以 100 年计算，出生的年、月、日、性别的不同组合数应为 $100\times365\times2=73\ 000$，我们把它作为“抽屉”数．假如世界人口有 65 亿，我们把它作为“物体”数．由于 $6.5\times10^9=89\ 041\times73\ 000+7\ 000$，根据上述原理，世界上存在 89 041 个以上的人在同一天出生．按照电脑算命的结果，尽管他们的出身、经历、天资、机遇各不相同，但他们却具有完全相同的“命”．这真是荒谬绝伦！

在我国古代，早就有人懂得用抽屉原理来揭露生辰八字之谬．如清代陈其元在《庸闲斋笔记》中记载：“余最不信星命推步之说．以为一时（注：指一个时辰，合两小时）生一人，一日

生十二人，以岁计之则有四千三百二十人，以一甲子（注：指60年）计之，只有二十五万九千二百人而已．今只以一大郡计，其户口之数已不下数十万人（如咸丰十年杭州府一城八十万人），则举天下之大，自王公大人以至小民，何啻亿万万人，则生时同者必不少矣．其间王公大人始生之时，必有庶民同时而生者，又何贵贱贫富之不同也?”在这里，一年按360日计算，一日又分为12个时辰，得到的抽屉数（即60年内，年、月、日、时辰的组合数）为60×360×12＝259 200.

无论是古代的生辰八字，还是现代的电脑算命，其本质是相同的，虽然表面上看起来十分玄奥，但通过简单的数学推理，便可发现其中的荒谬之处．

第3章

概率与统计初步

概率论是研究现实世界中随机现象规律性的科学，在自然科学和生产生活中都有广泛的应用，同时也是数理统计的理论基础.

当今社会是信息化的社会，人们常常需要收集数据、处理数据，得到有价值的信息，作出合理的决策. 统计是研究如何收集、整理、分析数据的学科. 概率与统计的基本知识已成为现代公民的必备知识. 在本章中，我们将学习概率的概念，简单概率的计算，并了解统计学的基础知识及应用.

知识框图

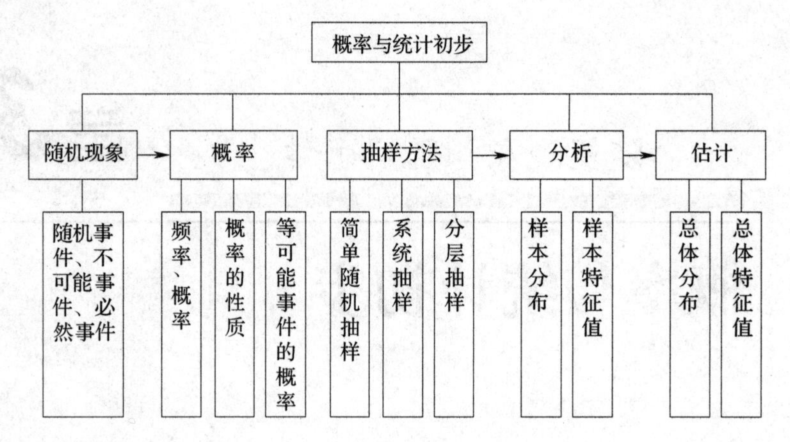

教学要求

1. 随机事件及其概率：

(1) 通过日常生活中的实例，理解随机现象、随机事件的概念.

(2) 理解随机事件的频率与概率的概念.

2. 理解概率的基本性质，理解互斥事件和对立事件的意义，理解互斥事件和对立事件的概率计算公式.

3. 掌握求等可能事件概率的一些常用方法，如排列、组合的方法及枚举法.

4. 理解总体、个体、样本、样本容量等概念的意义，结合实际问题情境，理解随机抽样的必要性和重要性，会用简单随机抽样方法从总体中抽取样本，收集样本数据，了解分层抽样和系统抽样方法.

5. 在样本数据整理中，会列频率分布表，会绘制频率分布直方图，了解用样本的频率分布估计总体分布的思想方法.

6. 了解总体特征值的估计；学会用平均数、方差（标准方差）估计总体的稳定程度.

*7. 了解一元线性回归分析及其应用.

3.1 随机事件及其概率

随机现象和随机事件

实例考察

下列现象事先是否一定会发生？

1. 抛掷一枚骰子，出现的点数小于等于 6 点；
2. 太阳从西边出来；
3. 从一副扑克牌（54 张）中抽一张，抽出的是红桃.

根据生活常识我们知道：抛掷一枚骰子，出现的点数一定小于等于 6 点；太阳从西边出来不可能发生；而从一副扑克牌（54 张）中抽一张，抽出的有可能是红桃，也有可能不是.

像这样，在一定的条件下，某些现象必然出现，这类现象称为**必然现象**. 在一定的条件下，某些现象不可能出现，这类现象称为**不可能现象**. 它们统称为**确定性现象**.

在一定的条件下，某些现象既可能发生，也可能不发生，事先均无法预料会出现哪一种结果，这种现象称为**随机现象**.

对于随机现象必须注意一点：在相同条件下，试验的所有可能结果都应该是可知的，我们只是不能预测某次试验的结果. 例如掷骰子：试验的所有结果都是出现从 1 点到 6 点中的一个，但掷一次，事先并不能确定出现的是几点.

在相同条件下，随机现象的每一种可能结果被称为**随机事件**. 随机事件通常用大写字母 A，B，C，…表示. 如果 A 表示某随机事件，则可以写作 $A=\{$事件具体内容$\}$，例如：随机事件 $A=\{$某人射击一次，中靶$\}$.

与随机事件相对，在一定条件下必然要发生的事件，称为**必然事件**，用 Ω 表示；在一定条件下不可能发生的事件称为**不可**

能事件，用$\varnothing$表示．必然事件和不可能事件统称为**确定事件**；确定事件和随机事件统称为**事件**．

例题解析

例 1 下列事件中，哪些是必然事件？哪些是不可能事件？哪些是随机事件？

(1) 买一张电影票，座位号是奇数排；

(2) 一个人同时出现在两个不同的地方；

(3) 当 x 是实数时，$x^2\geqslant 0$；

(4) 在装有 9 个不同颜色小球的口袋中，任意取出一个，取到的是红球．

解 (3) 必然事件；(2) 是不可能事件；(1) (4) 是随机事件．

例 2 抛掷一颗骰子，观察出现的点数．下列事件中，哪些是必然事件？哪些是不可能事件？哪些是随机事件？

$A_1=\{$点数是 1$\}$，$A_2=\{$点数是 2$\}$，$A_3=\{$点数是 3$\}$，…，$A_6=\{$点数是 6$\}$；$B=\{$点数不超过 3 点$\}$；$C=\{$点数不超过 6 点$\}$；$D=\{$点数是 8 点$\}$．

解 事件 A_1，A_2，A_3，…，A_6，B 都是随机事件；

事件 C 是必然事件；

事件 D 是不可能事件．

例 2 中的事件 A_1，A_2，A_3，…，A_6 这 6 个事件在每次试验中必有一个发生，也仅有一个发生，这样的随机事件的每一个可能结果称为**基本事件**．而事件 B 由 A_1，A_2，A_3 这 3 个基本事件组成，如果 A_1，A_2，A_3 中有一个发生，则事件 B 也一定发生，这样的事件称为**复合事件**．

知识巩固 1

1．下列事件中，哪些是必然事件？哪些是不可能事件？哪些是随机事件？

(1) 抛掷一枚质地均匀的硬币，刻有国徽的一面向下；

(2) 自然形成的河流，源头海拔高度高于入海口的海拔高度；

(3) 没有空气和水，种子能发芽；

(4) 在地面固定位置处向上抛一颗石子，石子落回地面.

2. 一个口袋里 2 个白球和 3 个黑球，从中任意取 2 个球，观察球的颜色.

(1) 列出这个试验的所有基本事件；

(2) “至少有 1 个黑球”这一复合事件包含哪几个基本事件？

概率的概念

我们把对随机现象的一次观察称为一次**试验**. 随机事件在一次试验中可能发生，也可能不发生，具有**偶然性**. 但是在大量重复试验的情况下，它的发生又呈现一定的**规律性**.

要知道随机事件发生的可能性有多大，它的发生又呈现出怎样的规律，最直接的方法就是做试验（观察）. 一般地，在相同条件下做试验，重复 n 次，把随机事件 A 出现的次数 m 称为**频数**，把比值 $\frac{m}{n}$ 称为**频率**.

实例考察

观察下列随机事件的规律.

抛掷硬币　历史上曾有人做过抛掷硬币的大量重复试验，观察硬币落下后正面向上的规律（表3-1）.

表3-1　　抛掷硬币试验结果表

试验者	掷硬币次数 n	出现正面的次数 m	频率 $\frac{m}{n}$
迪·摩根	2 048	1 061	0.518 1
布丰	4 040	2 048	0.506 9
费勒	10 000	4 979	0.497 9
皮尔逊	12 000	6 019	0.501 6
皮尔逊	24 000	12 012	0.500 5
罗曼诺夫斯基	80 640	40 173	0.498 2

质量抽查　对生产的某批乒乓球产品质量进行检查，观察优等品频率的规律（表3-2）.

表3-2　　某批乒乓球产品质量检查结果

抽取球数 n	50	100	200	500	1 000	2 000
优等品数 m	45	92	194	470	954	1 902
优等品频率 $\frac{m}{n}$	0.9	0.92	0.97	0.94	0.954	0.951

观察表3-1，我们看到当抛掷硬币的次数很多时，出现正面的频率$\frac{m}{n}$的值在 0.5 附近摆动，也就是说，出现正面的频率值稳定在常数 0.5 上.

观察表3-2，我们看到当抽查的球数很多时，抽到优等品的频率$\frac{m}{n}$的值在 0.95 附近摆动，也就是说，抽到优等品的频率值稳定在常数 0.95 上.

由此，我们得到概率的概念：

对于给定的随机事件 A，如果随着试验次数的增加，事件 A 发生的频率$\frac{m}{n}$稳定在某个常数上，我们就把这个常数称为事件 A 的**概率**，记作 $P(A)$.

实例考察中，抛掷一枚硬币，正面向上的概率是 0.5，即

$$P(\text{“正面向上”})=0.5$$

实例考察中，某批乒乓球的优等品的概率为 0.95，即

$$P(\text{“抽到优等品”})=0.95$$

频率和概率是两个不同的概念. 频率是指在多次重复试验中某事件发生的次数与试验次数的比值，而这个比值是随着试验次数的增加而不断变化的. 概率却是一个确定的数，因为事件发生的可能性大小是客观存在的. 在实际应用中，通常将试验次数最多的频率值的最后一个有效数字四舍五入，作为概率的估计值.

例题解析

例 在相同条件下，对某种油菜籽进行发芽试验，结果如下表：

每批试验粒数 n	2	5	70	130	700	1 500
发芽的粒数 m	2	4	60	116	639	1 339
发芽的频率 $\frac{m}{n}$						

(1) 计算表中油菜籽的发芽频率；

(2) 这批油菜籽中任一粒的发芽概率估计值是多少？

解 (1) 表中油菜籽的发芽频率分别为 1，0.8，0.875，0.892，0.913，0.893.

(2) 这批油菜籽中任一粒的发芽概率估计值是 0.9.

知识巩固 2

1. 掷一枚硬币，连续出现 4 次正面向上，某同学认为出现正面向上的概率一定大于出现反面向上的概率. 你认为他的观点正确吗？为什么？

2. 某射击手在相同条件下进行射击，结果见表3-3.

表3-3　　射击手射击信息

射击次数 n	10	20	50	100	200	500
击中靶心次数 m	8	19	44	92	178	455
击中靶心频率 $\frac{m}{n}$						

(1) 计算表中击中靶心的频率；

(2) 这个射手射击一次，击中靶心的概率估计值是多少？

实践活动

下面我们来做抛一枚硬币的试验，观察它落下后，哪一个面向上.

第一步，全班每个同学各取一枚相同的一元硬币，做 10 次抛硬币的试验，每人记录下试验结果，填入下表：

姓名	试验次数 n	正面向上的次数 m	正面向上的频率 $\frac{m}{n}$
	10		

第二步，请小组长把本组同学的试验结果统计一下，填入下表：

组号	试验总次数 n	正面向上的总次数 m	正面向上的频率 $\frac{m}{n}$

第三步，请数学课代表统计全班同学的试验结果，填入下表：

班级	试验总次数 n	正面向上的总次数 m	正面向上的频率 $\frac{m}{n}$

第四步，请同学们找出抛掷硬币时，“正面向上”这个事件发生的规律，并讨论：把 1 枚硬币抛 100 次和把 100 枚硬币各抛 1 次的结果是否相同.

3.2 概率的简单性质

概率的性质

由概率的定义，我们可以得到概率的基本性质：

性质 1 事件 A 的概率满足

$$0 \leqslant P(A) \leqslant 1$$

性质 2 必然事件的概率为 1，即

$$P(\Omega)=1$$

不可能事件的概率为 0，即

$$P(\varnothing)=0$$

也就是说，任何事件的概率是区间[0，1]内的一个数，它度量该事件发生的可能性．在一次试验中，小概率（接近 0）事件很少发生，而大概率（接近 1）事件则经常发生．例如，对每一个人来说，买一张体育彩票中特等奖的概率就是小概率事件，中纪念奖的概率则是较大的．生产生活中，知道随机事件的概率的大小，有利于我们作出正确的决策．

互斥事件与互逆事件

实例考察

学校对学生的德育成绩实行 4 个等级：优、良、中、不合格．某班 45 名学生参加了德育考试，结果见表3-4.

表3-4　德育考试结果

优	85 分以上	9
良	75～84 分	20
中	60～74 分	15
不合格	60 分以下	1

问：(1) 在某一学期结束时，某一名同学能否既得优又得良呢？

(2) 如果从这个班任意抽取一名同学，那么这名同学的德育成绩为优或良的概率是多少？

将“实例考察”中德育考试成绩的等级为优、良、中、不合格的事件分别记为 A，B，C，D. 在一学期结束时，同一人不可能既得优又得良，即事件 A 与事件 B 不可能同时发生. 像这样，不可能同时发生的两个事件叫作**互斥事件**.

对于上述事件 A，B，C，D，其中任意两个都是互斥事件. 一般地，如果事件 A_1，A_2，A_3，…，A_n 中的任何两个都是互斥事件，就说事件 A_1，A_2，A_3，…，A_n 彼此互斥.

设 A 与 B 为互斥事件，若事件 A 与 B 至少有一个发生，我们把这个事件记作 $A\cup B$. 在实例考察关于德育考试成绩的问题中，事件 $A\cup B$ 就表示事件“成绩的等级为优或良”，那么，事件 $A\cup B$ 发生的概率是多少呢？

从 45 人中任意抽取 1 人，有 45 种等可能的方法，而抽到优或良的可能结果有 $9+20$ 个，从而事件 $A\cup B$ 发生的概率

$$P(A\cup B)=\frac{9+20}{45}$$

另一方面

$$P(A)=\frac{9}{45},\ P(B)=\frac{20}{45}$$

不难发现

$$P(A\cup B)=P(A)+P(B)$$

由以上分析得到：如果事件 A，B 互斥，那么事件 $A\cup B$ 发生的概率等于事件 A，B 分别发生的概率的和，即

$$P(A\cup B)=P(A)+P(B)$$

如果将“德育成绩及格”记为事件 E，那么 E 与 D 不可能同时发生，但必有一个发生.

像这样，两个互斥事件必有一个发生，则称这两个事件为**互逆事件**. 事件 A 的互逆事件记为 $\bar{A}$.

互逆事件 A 与 $\bar{A}$ 必有一个发生，故 $A\cup\bar{A}$ 是必然事件，从而

$$P(A)+P(\bar{A})=P(A\cup\bar{A})=1$$

互逆事件与互斥事件的区别是什么？

由此，我们得到一个重要公式

$$P(\overline{A})=1-P(A)$$

例题解析

例 1 从一堆产品（其中正品与次品都多于 2 个）中任取 2 件，判别下列每对事件是不是互斥事件．如果是，再判别它们是不是互逆事件：

(1) 恰好有 1 件次品和恰好有 2 件次品；

(2) 至少有 1 件次品和全是次品；

(3) 至少有 1 件正品和至少有 1 件次品；

(4) 至少有 1 件次品和全是正品．

解 (1) 事件“恰好有 1 件次品”与事件“恰好有 2 件次品”是互斥事件，但不是互逆事件；

(2) 事件“至少有 1 件次品”与事件“全是次品”不是互斥事件；

(3) 事件“至少有 1 件正品”与事件“至少有 1 件次品”是不互斥事件；

(4) 事件“至少有 1 件次品”与事件“全是正品”是互斥事件，且是互逆事件．

例 2 某射击运动员射击 1 次，命中 8～10 环的概率见表 3-5.

表3-5　射击运动员射击概率

命中	10 环	9 环	8 环
概率	0.61	0.21	0.14

(1) 求射击 1 次，至少命中 8 环的概率；

(2) 求射击 1 次，命中不足 8 环的概率．

解 记“射击 1 次，命中 k 环”为事件 A_k ($k\in\mathbf{N}$, $k\leqslant 10$)；则事件 A_k 两两互斥．

(1) 记“射击 1 次，至少命中 8 环”为事件 A，则当 A_{10}，A_9，A_8 之一发生时，事件 A 发生．由互斥事件的概率加法公式，得

$$
\begin{aligned}
P(A) &= P(A_{10} \cup A_9 \cup A_8) \\
&= P(A_{10}) + P(A_9) + P(A_8) \\
&= 0.61 + 0.21 + 0.14 \\
&= 0.96
\end{aligned}
$$

(2) 事件“射击 1 次，命中不足 8 环”是事件“射击 1 次，至少命中 8 环”的互逆事件，即 $\bar{A}$ 表示事件“射击 1 次，命中不足 8 环”. 根据互逆事件的概率公式，得

$$P(\bar{A}) = 1 - P(A) = 1 - 0.96 = 0.04$$

即此人射击 1 次，至少命中 8 环的概率为 0.96，命中不足 8 环的概率为 0.04.

知识巩固

1. 什么是互斥事件？什么是互逆事件？互逆事件一定是互斥事件吗？

2. 一只口袋内装有大小一样的 4 只白球与 4 只黑球，从中一次任意摸出 2 只球，记摸出 2 只白球为事件 A，摸出 1 只白球和 1 只黑球为事件 B. 问：事件 A 与 B 是否为互斥事件？是否为互逆事件？

3. 在某一时期内，一条河流某处的年最高水位在各个范围内的概率如下：

年最高水位	低于 10 米	10～12 米	12～14 米	14～16 米	不低于 16 米
概率	0.1	0.28	0.38	0.16	0.08

计算在同一时期内，河流这一处的最高水位在下列范围内的概率：(1) 10～16 m；(2) 低于 12 m；(3) 不低于 14 m.

4. 甲、乙两射手在同样条件下击中目标的概率分别为 0.6 和 0.7，则“至少有一人击中目标的概率 $P=0.6+0.7=1.3$”这句话对不对？为什么？

3.3 等可能事件的概率

实例考察　下列试验中，结果的个数及每一基本事件发生的可能性方面，有什么共同特征？

1. 掷一枚骰子，观察朝上一面的点数；

2. 有红桃1，2，3和黑桃4，5这5张扑克牌，从中任意抽取一张，观察抽到的是什么牌；

3. 一口袋中有红、黄、白三个颜色不同的球，其大小、质量完全相同，从中任取一个，观察取到的是什么球；

4. 同一幅扑克牌中同一数字的四张牌反扣在桌面上，任意掀开一张，观察其花色.

由实例考察可以看出：

(1) 试验1共有6种不同的结果，分别是1点，2点，3点，……，6点，每一种结果的概率都是$\frac{1}{6}$.

(2) 试验2共有5种不同的结果，每一种结果的概率都是$\frac{1}{5}$.

(3) 试验3共有3种不同的结果，每一种结果的概率都是$\frac{1}{3}$.

(4) 试验4共有4种不同结果，每一种结果的概率都是$\frac{1}{4}$.

以上随机试验的结果都是只有有限个，且每一种结果发生的概率都相等. 像这样，如果随机试验具有下列两个特点：

(1) 试验中所有可能出现的基本事件只有有限个；

(2) 每个基本事件出现的可能性相等.

那么，我们把这一试验的概率模型称为**等可能概率模型**.

在等可能概率模型中，如果基本事件的总数为n，那么任一基本事件A_i ($i=1, 2, \cdots, n$) 发生的概率为$P(A_i)=\frac{1}{n}$；而包含m ($m\leqslant n$) 个基本事件的随机事件A的概率为

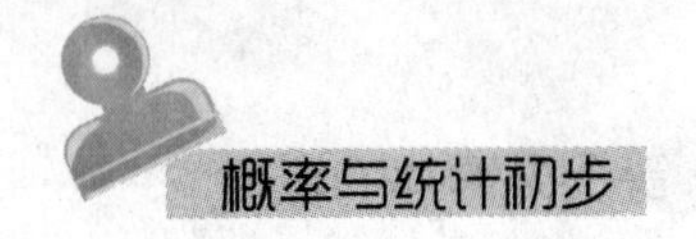

$$P(A)=\frac{m}{n}=\frac{\text{事件}A\text{包含的基本事件数}}{\text{基本事件总数}}$$

例题解析

例 1　从一副有 52 张的扑克牌中，任意抽取一张，求：

(1) 抽到数字为 6 的牌的概率；

(2) 抽到花色为黑桃的牌的概率.

解　在一副有 52 张的扑克牌中，基本事件总数 n 为 52，数字为 6 的牌共 4 张，具有黑桃花色的牌有 12 张.

设“抽到数字为 6 的牌”为事件 A，其基本事件个数为 4，设“抽到颜色为黑桃的牌”为事件 B，其基本事件个数为 12，因此

$$P(A)=\frac{m_1}{n}=\frac{4}{52}=\frac{1}{13}$$

$$P(B)=\frac{m_2}{n}=\frac{13}{52}=\frac{1}{4}$$

即抽到数字为 6 的牌的概率为$\frac{1}{13}$；抽到颜色为黑桃的牌的概率$\frac{1}{4}$.

例 2　求抛掷一颗骰子出现的点数是 2 的倍数的概率.

解　设事件 $A_i=\{$抛掷一颗骰子出现 i 点$\}$，事件 $B=\{$抛掷一颗骰子出现的点数是 2 的倍数$\}$.

由于基本事件的全集含出现 1 点到 6 点 6 个基本事件，即 A_1，A_2，A_3，A_4，A_5，A_6，且它们出现的可能性相等，事件 B 包含 3 个基本事件，即 A_2，A_4，A_6.

所以　$$P(B)=\frac{m}{n}=\frac{3}{6}=\frac{1}{2}$$

例 3　由 1，2，3，4，5 这 5 个数字组成没有重复数字的三位数中，任意取出的一个三位数是奇数的概率是多少？

解　设事件 A 表示$\{$三位数是奇数$\}$

由 1，2，3，4，5 这 5 个数字组成没有重复数字的三位数的个数是基本事件总数，即

$$n=\mathrm{A}_5^3=60$$

事件 A 包含基本事件的个数 $m=36$

所以 $$P(A)=\frac{m}{n}=\frac{36}{60}=0.6$$

即任意取出的一个三位数是奇数的概率是 0.6.

例 4 在 100 件产品中有 3 件次品，从这批产品中随机地抽取 3 件，计算：

(1) 3 件全都是合格品的概率；

(2) 1 件次品，2 件合格品的概率.

解 从 100 件产品中任取 3 件的基本事件总数是

$$n=C_{100}^{3}$$

(1) 设 $A=\{3$ 件都是合格品$\}$，因为在 100 件产品中有 97 件合格品，所以选取 3 件都是合格品的基本事件数是

$$m_A=C_{97}^{3}$$

因此，有

$$P(A)=\frac{C_{97}^{3}}{C_{100}^{3}}=\frac{7\ 372}{8\ 085}\approx 0.911\ 8$$

(2) 设 $B=\{1$ 件是次品，2 件是合格品$\}$，则 B 包含的基本事件数是

$$m_B=C_3^1C_{97}^{2}$$

因此，有

$$P(A)=\frac{C_3^1C_{97}^{2}}{C_{100}^{3}}\approx 0.086\ 4$$

知识巩固

1. 先后抛掷 2 枚均匀的硬币：

(1) 一共可能出现多少种不同的结果？

(2) 出现“1 枚正面，1 枚反面”的结果有多少种？

(3) 出现“1 枚正面，1 枚反面”的概率是多少？

(4) 有人说：“一共可能出现‘2 枚正面’‘2 枚反面’‘1 枚正面，1 枚反面’这 3 种结果，因此出现‘1 枚正面，1 枚反面’

的概率是$\frac{1}{3}$.”这种说法对吗？

2. 在10件产品中，有7件正品、3件次品，从中任取3件，求下列事件的概率：

(1) 恰有1件次品；

(2) 恰有2件次品；

(3) 3件都是正品；

(4) 至少有1件次品.

3. 从0，1，2，3，…，9十个数字中任取一个数字，求大于2的概率.

4. 盒中有大小相同的红、白、黄色球各1个，每次随机抽取1个，然后放回，这样抽取3次，求下列事件的概率：

(1) 都是红球；

(2) 颜色都相同；

(3) 颜色都不同.

实践活动

赌博是违法的. 设赌者往往将赌局包装得表面光鲜，吸引人们参与，实际利用“隐藏”的苛刻规则赚取不义之财. 下面请你用数学知识揭开赌局的黑幕.

赌局是这样的：设赌者将3个白色和3个黑色围棋子放在一个布袋里，又精心绘制了一张中彩表：凡愿摸彩者，每次交3元钱“手续费”，然后一次从袋里摸3个棋子，中彩情况如下：

摸到	彩金
3个白棋子	20元
2个白棋子	2元
1个白棋子	纪念品一份（价值5角）
其他	无任何奖品

如按摸1 000次统计，估计设赌者可净赚多少钱？某人参与一次此赌局，赚钱的可能性有多大？

3.4 抽样方法

实例考察

如果难以逐一观察或试验每个考察对象，用什么方法才能得到相对准确的考察结果呢？

一批灯泡中灯泡寿命低于 1 000 小时的为次品. 要确定这批灯泡的次品率，最简单的办法就是把每一个灯泡都作为寿命试验，然后由寿命不超过 1 000 小时的灯泡个数，除以该批灯泡的总个数. 显然这样做是不现实的. 我们只能从这批灯泡中抽取一部分灯泡作为寿命试验并记录结果，然后根据这组数据，计算出这部分灯泡的次品率，从而推断整批灯泡的次品率.

例如，从这批灯泡中任意抽取 10 个灯泡作为寿命（单位：小时）试验，结果为

1 203，980，1 120，903，1 010，995，1 530，990，1 002，1 340

可以看出，其中有 4 个灯泡的寿命低于 1 000 小时，从而可以粗略地推断出这批灯泡的次品率为 0.4.

总体与样本

像上面整批灯泡，作为我们所要考察对象的全体叫作**总体**，总体中每一个考察的对象叫作**个体**.

一般地，为了考察总体 ξ，从总体中抽取 n 个个体来进行试验或观察，这 n 个个体称为来自总体 ξ 的一个**样本**，n 为**样本容量**.

对来自总体的容量为 n 的一个样本进行一次观察，所得的一组数据 x_1，x_2，…，x_n 称为**样本观察值**.

比如，要了解某技工学校二年级学生的视力状况，从这个学校全体二年级学生中抽取 200 名学生进行视力测试. 这里，该的二年级全体学生的视力数据是总体，每一位学生的视力数据是个

体，被抽取到的200名学生的视力数据是样本，样本容量是200.

了解了总体与样本的概念，那么在实践中如何科学地进行抽样呢？

简单随机抽样

要使样本及样本观察值能很好地反映总体的特征，必须合理地抽取样本．例如，在实例考察中，有偏向地选择质量较好的灯泡作样本或选择质量较差的灯泡作为样本，它们的观察值都不能正确地反映总体的情况．可见，样本中的每个个体必须从总体中随机地取出，不能加上人为的“偏向”．也就是必须满足下面两个条件：

第一，总体中的每个个体都有被抽到的可能；

第二，每个个体被抽到的机会都是相等的.

我们称这种抽样方法为**简单随机抽样**，用这种方法抽得的样本叫作**简单随机样本**.

具体抽样方法有：

1. 抽签法

一般地，用抽签法从个体数为 N 的总体中抽取一个容量为 k 的样本的步骤为：

（1）将总体中的 N 个个体编号；

（2）将这 N 个号码写在形状、大小相同的号签上；

（3）将号签放在同一箱中，并搅拌均匀；

（4）从箱中每次抽出1个号签，连续抽取 k 次；

（5）将总体中与抽到的号签编号一致的 k 个个体取出.

这样就得到一个容量为 k 的样本．对个体编号时，可以利用已有的编号，如从全班学生中抽取样本时，利用学生的学号作为编号；对某场电影的观众进行抽样调查时，利用观众的座位号作为编号等.

例如，为了了解14202班40名学生的数学成绩，从中抽取10名学生进行观察．使用抽签法的方法是：将40名学生从1到40进行编号，再制作1到40的40个号签，把40个号签集中在一起并充分搅匀，最后随机地从中抽取10个号签．对编号指向的学生考察数学成绩.

抽签法简单易行，适用于总体中个体数不多的情形.

2. 随机数表法

用抽签法抽取样本时，编号的过程有时可以省略（如用已有的编号），但制签的过程就难以省去了，而且制签也比较麻烦. 如何简化制签过程呢?

一个有效的办法是制作一个表，其中的每个数都是用随机方法产生的（称“随机数”），这样的表称为随机数表. 于是我们只要按一定的规则到随机数表中选取号码就可以了. 这种抽样方法叫作随机数表法.

例如，前例中抽取10名学生的方法与步骤：

（1）对40名学生按01，02，…，40编号.

（2）在随机数表中随机地确定一个数，如第二行第三列的数27. 为了便于说明，我们将随机数表的第1行到第5行摘录如下：

26	61	52	34	55	43	40	47	39	65	81	93	46	19	45	75	34	79	86	10	22	72	59
84	22	27	27	31	85	42	16	39	19	56	50	26	27	83	70	76	39	50	79	47	58	95
55	50	83	22	66	74	99	57	32	50	36	32	77	73	44	45	71	4	35	40	6	61	24
3	62	11	84	51	74	64	5	50	11	66	80	54	95	62	14	83	58	51	22	5	30	51
23	73	71	5	16	58	66	67	51	92	3	49	89	41	64	69	66	67	21	18	10	85	19

（3）从数字27开始向右读下去，每次读一个两位数，凡不在01到40中的数跳过去不读，遇到已经读过的数也跳过去，便可依次得到

22，27，31，16，39，19，26，32，36，4

这10个号码，就是所要抽取的容量为10的样本.

给总体中的个体编号，可以从0开始，例如当$N=100$时，编号可以是00，01，02，…，99. 这样，总体中的所有个体均可用两位数字号码表示，便于使用随机数表.

当随机地选定开始的数后，读数的方向可以向左、右、上、下任意方向.

用随机数表法抽取样本的步骤是：

（1）将总体中的个体编号（每个号码位数一致）.

（2）在随机数表中任选一个数作为开始.

（3）从选定的数开始按一定的方向读下去，若得到的号码在编号中，则取出；若得到的号码不在编号中或前面已经取出，则跳过，如此继续下去，直到取满为止.

（4）根据选定的号码抽取样本.

系统抽样

实例考察

某学校一年级新生共有 20 个班，每班有 50 名学生．为了解新生的视力状况，从这 1 000 人中抽取一个容量为 100 的样本进行检查，应该怎样抽样？

通常先将各班学生平均分成 5 组，再在第一组（1～10 号学生）中用抽签法抽取一个，然后按照“逐次加 10（每组中个体数）”的规则分别确定学号为 11 到 20，21 到 30，31 到 40，41 到 50 的另外 4 组中的学生代表．

将总体平均分成几个部分，然后按照一定的规则，从每个部分中抽取一个个体作为样本，这样的抽样方法称为**系统抽样**．

系统抽样也称作等距抽样．

例题解析

例 某单位有在岗职工 504 人，为了调查职工用于上班路途的时间，决定抽取 10%的职工进行调查．试采用系统抽样方法抽取所需的样本．

分析 因为 504 人不能被 50 整除，所以为了保证“等距”分段，应先剔除 4 人．

解 第一步，将 504 名职工用随机方式进行编号．

第二步，从总体中剔除 4 人（剔除方法可用随机数表法），将剩下的 500 名职工重新编号（分别为 000，001，…，499），并等距分成 50 段．

第三步，在第一段 000，001，…，009 这 10 个编号中用简单随机抽样确定起始号码 l．

第四步，将编号为 l，$l+10$，$l+20$，…，$l+490$ 的个体抽出，组成样本．

分层抽样

实例考察

某学校一、二、三年级分别有学生1 200名、960名、840名，为了了解全校学生的视力情况，从中抽取容量为100的样本，怎样抽样较为合理？

由于不同年级的学生视力状况有一定的差异，不能在3 000名学生中随机抽取100名学生，也不宜在3个年级中平均抽取.为准确反映客观实际，不仅要使每个个体被抽到的机会相等，而且要注意总体中个体的层次性.

一个有效的办法是，使抽取的样本中各年级学生所占的比与实际人数占总体人数的比基本相同.

据此，应抽取一年级学生 $100\times\frac{1\ 200}{3\ 000}=40$ 名，二年级学生 $100\times\frac{960}{3\ 000}=32$ 名，三年级学生 $100\times\frac{840}{3\ 000}=28$ 名.

一般地，当总体由差异明显的几个部分组成时，为了使样本更客观地反映总体情况，我们常常将总体中的个体按不同的特点分成层次比较分明的几部分，然后按各部分在总体中所占的比实施抽样，这种抽样方法叫作**分层抽样**，所分成的各个部分称为“层”.

分层抽样的步骤是：

(1) 将总体按一定标准分层；

(2) 计算各层的个体数与总体的个体数的比；

(3) 按各层个体数占总体的个体数的比确定各层应抽取的样本容量；

(4) 在每一层进行抽样（可用简单随机抽样或系统抽样）.

例题解析

例1 某校领导为了了解该校公共基础课的教学质量，从一至三年级中抽取100名学生进行质量抽测，各年级的学生人数见表3-6. 一年级有 1 000 名学生，二年级有 900 名学生，三年级有 600 名学生. 如何抽样较为合理？

表3-6　　　　某校年级人数

年级	一年级	二年级	三年级
人数	1 000	900	600

分析　因为总体人数较多，所以不宜采用简单随机抽样. 又由于不同年级学生数不同，差异较大，故也不宜系统抽样，而以分层抽样为妥.

解　可用分层抽样，其总体容量为 2 500.

“一年级”应取　$100\times\frac{1\ 000}{2\ 500}=40$（人）

“二年级”应取　$100\times\frac{900}{2\ 500}=36$（人）

“三年级”应取　$100\times\frac{600}{2\ 500}=24$（人）

因此，采用分层抽样的方法“一年级”“二年级”和“三年级”的 1 000 人、900 人和 600 人中分别抽取 40 人、36 人、和 24 人.

例 2　下列问题中，采用怎样的抽样方法较为合理？

(1) 从 10 台冰箱中抽取 3 台进行质量检查.

(2) 某电影院有 32 排座位，每排有 40 个座位，座位号为 1～40. 有一次报告会坐满了听众，报告会结束以后为听取意见，需留下 32 名听众进行座谈.

(3) 某学校有 160 名教职工，其中教师 120 名，行政人员 16 名，后勤人员 24 名. 为了解教职工对学校在校务公开方面的意见，拟抽取一个容量为 20 的样本.

解　(1) 总体容量比较小，用抽签法或随机数表法都很方便.

(2) 总体容量比较大，用抽签法或随机数表法比较麻烦. 由于人员没有明显差异，且刚好 32 排，每排人数相同，可用系统抽样.

(3) 由于学校各类人员对这一问题的看法可能差异较大，故应采用分层抽样.

总体容量为 160，故样本中教师人数应为 $20\times\frac{120}{160}=15$ 名，行政人员人数应为 $20\times\frac{16}{160}=2$ 名，后勤人员人数应为 $20\times\frac{24}{160}=3$ 名.

由于教师人数较多，对这一层抽样可采取系统抽样，其他两层人数较少，可采用简单随机抽样.

知识巩固

1. 从 100 件电子产品中抽取一个容量为 25 的样本进行检测，试用随机数表法抽取样本.

2. 要从 1 003 名学生中抽取一个容量为 20 的样本，试叙述系统抽样的步骤.

3. 某商场想通过检查发票及销售记录的 2% 来快速估计每月的销售总额，采取如下方法：从某本 50 张的发票存根中随机抽取一张，如 15 号，然后按顺序往后将 65 号、115 号、165 号……发票上的销售额组成一个调查样本. 这种抽取样本的方法是（　　）.

A. 抽签法　B. 系统抽样　C. 分层抽样　D. 随机数表法

4. 某单位由科技人员、行政人员和后勤职工 3 种不同类型的人员组成，现要抽取一个容量为 45 的样本进行调查. 已知科技人员共有 60 人，抽入样本有 20 人，且行政人员与后勤职工人数之比为 2∶3，那么此单位的总人数、行政人员、后勤职工人数分别为多少？

5. 某电视台在网上就观众对某一节目的喜爱程度进行调查，参加调查的总人数为 12 000 人，其中持各种态度的人数为：“很喜爱”2 435 人，“喜爱”4 567 人，“一般”3 926 人，“不喜爱”1 072 人. 电视台为进一步了解观众的具体想法和意见，打算从中抽取 60 人进行更为详细的调查，应怎样进行抽样？

3.5 总体分布的估计

频率分布表

实例考察

为了了解 7 月 25 日至 8 月 24 日北京地区的气温分布状况，可以对北京历年这段时间的日最高气温进行抽样，并对得到的数据进行分析．我们随机抽取近年来北京地区 7 月 25 日至 8 月 24 日的日最高气温，得到表3-7中的两个样本．

表3-7　　最高气温的样本　　℃

7 月 25 日至 8 月 10 日	41.9	37.5	35.7	35.4	37.2	38.1	34.7	33.7	33.3
	32.5	34.6	33.0	30.8	31.0	28.6	31.5	28.8	
8 月 8 日至 8 月 24 日	28.6	31.5	28.8	33.2	32.5	30.3	30.2	29.8	33.1
	32.8	29.4	25.6	24.7	30.0	30.1	29.5	30.3	

怎样通过以上表中的数据，分析比较两时间段内的高温天气（日最高气温≥33 ℃）状况呢？

以上两个样本中的高温天气的频率用表3-8表示．

表3-8　　高温天气的情况

时间	总天数	高温天气频数	频率
7 月 25 日至 8 月 10 日	17	11	0.647
8 月 8 日至 8 月 24 日	17	2	0.118

由此表可以发现，近年来，北京地区 7 月 25 日至 8 月 10 日的高温天气的频率明显高于 8 月 8 日至 8 月 24 日的频率．

实例说明，当总体很大或不便于获得时，可以用样本的频率分布估计总体的频率分布．我们把反映总体频率分布的表格称为

频率分布表.

下面通过具体实例研究频率分布表的制作方法.

例题解析

例 一位植物学家想要研究某植物生长一年之后的高度，他随机抽取了 60 棵此种植物，测得它们生长一年后的高度（单位：cm）如表3-9所示. 试列出该样本的频率分布表.

表3-9 **高度样本**

73	84	91	68	72	83	75	58	87	41
48	61	65	72	92	68	73	43	57	78
80	59	84	42	67	69	64	73	51	65
63	82	90	54	63	76	61	68	66	78
55	81	94	79	45	67	70	99	76	72
74	91	86	75	76	50	69	69	56	74

解 （1）计算极差 R

此组样本观察值的最大值是 99，最小值是 41，它们的差距是 $R=58$. 像这样，样本观察值的最大值和最小值的差称为**极差**.

（2）决定组距与组数

样本观察值个数是 60，可将样本分为 8～12 组，若分成 10 组，则

$$组距=\frac{极差}{组数}=\frac{58}{10}=5.8$$，取整数，组距可定为 6 cm.

（3）列频率分布表

将第一组的起点定为 40.5，组距为 6，从第一组（40.5，46.5）开始，分别统计各组中的频数，再计算各组的频率，并将结果填入表3-10.

表3-10 **频率分布表**

分组	频数	频率
[40.5，46.5)	4	0.067
[46.5，52.5)	3	0.050

续表

分组	频数	频率
[52.5，58.5)	5	0.083
[58.5，64.5)	6	0.100
[64.5，70.5)	12	0.200
[70.5，76.5)	13	0.217
[76.5，82.5)	6	0.100
[82.5，88.5)	5	0.083
[88.5，94.5)	5	0.083
[94.5，100.5)	1	0.017
合计	60	1

一般地，编制频率分布表的步骤如下：

(1) 计算极差，决定组数与组距，组距$=\frac{极差}{组数}$.

(2) 分组.

(3) 登记频数，计算频率，列出频率分布表.

频率分布直方图

我们以知识巩固第 2 题中的数据为例作出频率分布直方图(图3-1).

(1) 以横轴表示内径，纵轴表示$\frac{频率}{组距}$.

(2) 在横轴上标上 25.235，25.265，…，25.565 的点.

(3) 在上面标出的各点中，分别以连接相邻两点的线段为底作矩形，高等于该组的$\frac{频率}{组距}$.

一般地，作频率直方图的方法：

把横轴分成若干段，每一段对应一个组距，然后以此线段为底作一矩形，它的高等于该组的$\frac{频率}{组距}$，这样得出一系列的矩形，每个矩形的面积恰好是该组的频率. 这些矩形就构成了频率分布直方图.

频率直方图比频率分布表更直观、形象地反映了样本的分布规律. 如图3-1所示直方图在 25.4 附近达到“峰值”, 这说明产品的尺寸在 25.4 毫米附近较为集中. 另外还可以看出, 产品尺寸特别大或特别小的都很少, 相对“峰值”具有一定的对称性.

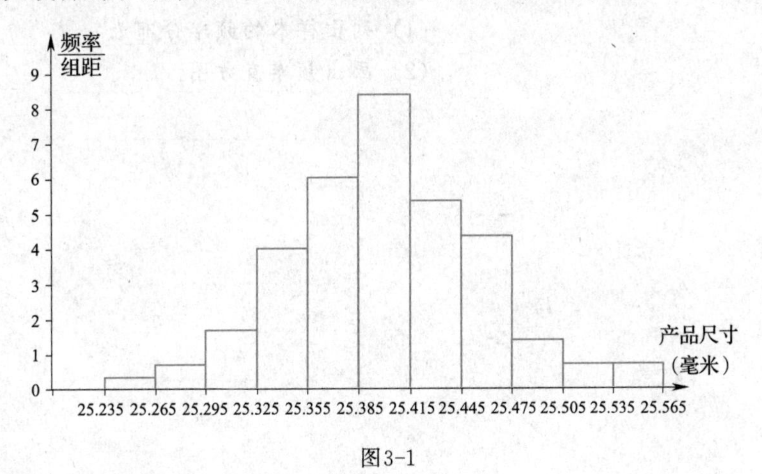

图3-1

知识巩固

1. 编制频率分布表与作频率直方图的步骤分别是什么?

2. 从图纸规定内径为 25.40 mm 钢管的一个总体中任取 100 件, 测得它们的实际尺寸如表3-11 所示. 试作出该样本的频率分布表.

表3-11　　　　钢管实际尺寸样本

25.39	25.36	25.34	25.42	25.45	25.38	25.39	25.42	25.47	25.35
25.41	25.43	25.44	25.48	25.45	25.43	25.46	25.40	25.51	25.45
25.40	25.39	25.41	25.36	25.38	25.31	25.56	25.43	25.40	25.38
25.37	25.44	25.33	25.46	25.40	25.49	25.34	25.42	25.50	25.37
25.35	25.32	25.45	25.40	25.27	25.43	25.54	25.39	25.45	25.43
25.40	25.43	25.44	25.41	25.53	25.37	25.38	25.24	25.44	25.40
25.36	25.42	25.39	25.46	25.38	25.35	25.31	25.34	25.40	25.36
25.41	25.32	25.38	25.42	25.40	25.33	25.37	25.41	25.49	25.35
25.47	25.34	25.30	25.39	25.36	25.46	25.29	25.40	25.37	25.33
25.40	25.35	25.41	25.37	25.47	25.39	25.42	25.47	25.38	25.39

3. 从大量棉花中抽取50根棉花纤维，纤维长度（单位：毫米）的数据分组及各组的频数为：[22.5，25.5)，3；[25.5，28.5)，8；[28.5，31.5)，9；[31.5，34.5)，11；[34.5，37.5)，10；[37.5，40.5)，5；[40.5，43.5)，4.

(1) 列出样本的频率分布表；

(2) 画出频率直方图.

3.6 总体特征值的估计

实例考察

从某市某年参加毕业考试的学生中，随机抽查了 20 名学生的数学成绩，分数如下：

90 84 84 86 87 98 73 82 90 93

68 95 84 71 78 61 94 88 77 100

这里的总体是“某市某年所有参加毕业考试学生的数学成绩”，设为 ξ，上面所抽取到的 20 个数是总体一个容量为 20 的样本的一组观察值. 如何反映学生的总体情况呢？

通常情况下是用样本的平均值作为学生成绩的估计值，实际上也可以用其他估计量来反映总体的数据.

在数学中，通常把能反映总体某种特征的量称为**总体特征值**.

怎样通过抽样的方法，用样本的特征值估计总体的特征值呢？

平均数及其估计

一般地，当样本容量为 n 时，设每次抽取的样本为 $(x_1, x_2, \cdots, x_n)$，**样本平均数**记为 $\bar{x}$，则

$$\bar{x}=\frac{1}{n}(x_1+x_2+\cdots+x_n)=\frac{1}{n}\sum_{i=1}^{n}x_i$$

如引例中我们可通过计算学生的平均成绩来反映学生的总体情况，即

$$\bar{x}=\frac{1}{20}(90+84+\cdots+100)=84.15$$

例题解析

例 从甲、乙两个班级各抽 5 名学生测量身高（单位：cm），甲班数据为 160，162，159，160，159，乙班的数据为

180，160，150，150，160．试比较两个班的平均身高．

解 $\bar{x}_{甲班}=\frac{1}{5}(160+162+159+160+159)=160$

$\bar{x}_{乙班}=\frac{1}{5}(180+160+150+150+160)=160$

$\bar{x}_{甲班}=\bar{x}_{乙班}$

所以两个班的平均身高是相等的．

方差与标准差

有时我们也通过学生成绩的波动情况来反映学生成绩的总体情况，通常用**方差**来表示．波动越大，方差越大，说明学生成绩参差不齐；波动越小，方差越小，说明学生整体成绩较好．

一般地，当样本容量为 n 时，设每次抽取的样本为（x_1，x_2，…，x_n），样本平均数记为 $\bar{x}$，方差记为 s^2，则

$$s^2=\frac{1}{n}[(x_1-\bar{x})^2+(x_2-\bar{x})^2+\cdots+(x_n-\bar{x})^2]$$

$$=\frac{1}{n}\sum_{i=1}^{n}(x_i-\bar{x})^2$$

$$s=\sqrt{\frac{1}{n}\sum_{i=1}^{n}(x_i-\bar{x})^2}$$

其中 s 为**样本标准差**．

如实例考察中学生成绩的方差为

$$s^2=\frac{1}{20}[(90-84.15)^2+(84-84.15)^2+\cdots+(100-84.15)^2]$$

$$=100.927\,5$$

例题解析

例 从甲、乙两名选手中选拔一人参加全国技能比赛，教练组整理了他们10次练习的成绩，见表3-12．比较两人成绩，然后决定选择哪一位参加比赛．

表3-12　　甲乙两人练习成绩

甲	76	90	84	86	81	87	86	82	85	83
乙	86	84	85	89	79	84	91	89	79	74

解　首先比较甲乙两人的平均成绩

$$\bar{x}_{甲}=\frac{1}{10}\times(76+90+84+\cdots+83)=85$$

$$\bar{x}_{乙}=\frac{1}{10}\times(86+84+85+\cdots+74)=85$$

可以看出，甲乙两人的平均成绩均为85，不能区分好坏，再计算两人成绩的方差.

$$s_{甲}{}^{2}=\frac{1}{10}\times[(76-85)^2+(90-85)^2+\cdots+(83-85)^2]=3.63$$

$$s_{乙}{}^{2}=\frac{1}{10}\times[(86-85)^2+(84-85)^2+\cdots+(74-85)^2]=5.04$$

因为 $s_{甲}{}^{2}<s_{乙}{}^{2}$，所以甲的成绩波动较小，选甲参加比赛.

知识巩固

1. 什么是总体特征值？

2. 从1 000个零件中抽取10件，每件长度（单位：毫米）如下：

22.36　22.35　22.33　22.35　22.37

22.34　22.38　22.36　22.32　22.35

(1) 在这个问题中，总体、个体、样本和样本容量各指什么？

(2) 计算样本平均数及样本方差（结果精确到0.01）.

3. 某学校对一年级新生的两个班级的数学成绩（满分100分）进行抽样调查，每个班级各抽取15人，数据如下.

甲班：90，95，75，89，88，80，76，90，98，100，79，87，86，92，94

乙班：88，89，96，98，99，87，88，86，65，100，100，

80，90，91，92

试比较两个班级的数学成绩，判断哪一个更好.

4. 有甲乙两种钢筋，现从中各抽取一组样本检查它们的抗拉强度（单位：kg/mm^2），试比较哪种钢筋的质量比较好？

甲：110，120，130，125，120，125，135，125，135，125

乙：115，100，125，130，115，125，125，145，125，145

拓展内容

3.7 一元线性回归

一元线性回归方程

实例考察

某超市为了了解热茶销量与气温之间的相关关系，随机提取了年内6天卖出热茶的杯数与当天气温的对照表（表3-13）.

表3-13　　杯数与气温对照表

气温/℃	26	18	13	10	4	−1
杯数	20	24	34	38	50	64

如果某天的气温是−5 ℃，那么你能根据这些数据预测这天卖出热茶的杯数吗？

在实际问题中，变量与变量之间的关系常见的有两类：一类是确定性的函数关系．例如，圆的面积与半径之间的关系就是确定性函数关系，可以用 $S=\pi r^2$ 表示．另一类是变量间有一定的关系，但又不能完全用函数关系来表达．例如，人的身高并不能确定体重，但一般来说“身高者，体也重”．我们说身高与体重这两个变量具有相关关系．

用怎样的数学模型刻画两个变量之间的相关关系呢？

通常把研究两个变量的相关关系叫作**一元回归分析**．我们只研究一元线性回归分析．

我们以具体的例题来说明一元线性回归方程的建立．

例题解析

例　在某种产品表面进行腐蚀刻线试验，得到腐蚀深度 Y 与腐蚀时间 x 之间相应的一组观察值见表3-14.

表3-14　　腐蚀深度与腐蚀时间的观察值

x/秒	5	10	15	20	30	40	50	60	70	90	120
Y/微米	6	10	10	13	16	17	19	23	25	29	46

由表3-14中的数据可以看出，Y有随x增加而增加的趋势，它们之间的这种关系无法用函数式准确表达，是一种相关关系．为了探求两者之间的定量关系，我们以腐蚀时间x的取值作横坐标，把Y的相应取值作纵坐标，在直角坐标系中描点$(x_i,\ y_i)$ $(i=1,\ 2,\ \cdots,\ 11)$，如图3-2所示．这样的图叫散点图．

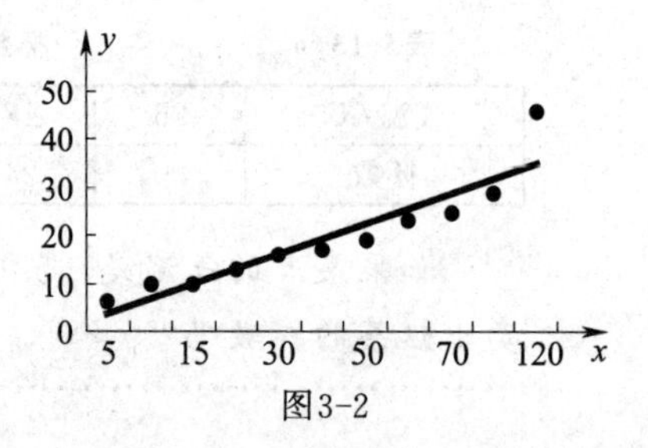

图3-2

由图3-2可见，所有散点都分布在图中画出的一条直线附近，显然这样的直线还可以画出许多条，而我们希望找出其中的一条，它能最好地反映x与Y之间的关系．记此直线方程为

$$\hat{y}=a+bx \tag{1}$$

这里y上方的符号"ˆ"，是为了区分Y的实际值y，表示当x取值x_i $(i=1,\ 2,\ 3,\ \cdots,\ 11)$时，$Y$相应的观察值为$y_i$，而直线上对应于$x_i$的纵坐标是$\hat{y}_i=a+bx_i$．

(1)式叫作Y对x的**一元线性回归方程**，a，b叫作**回归系数**．要确定回归直线方程(1)，只要确定回归系数a，b．

下面我们来研究回归直线方程的求法，设x，Y的一组观察值为

$$(x_i, y_i), i=1, 2, \cdots, n$$

且回归直线方程为

$$\hat{y}=a+bx$$

当 x 取值 x_i（$i=1, 2, \cdots, n$）时，Y 的观察值为 y_i，对应回归直线上的 $\hat{y}_i$，取 $y_i=a+bx_i$，差 $y_i-\hat{y}_i$（$i=1, 2, \cdots, n$）刻画了实际观察值 y_i 与回归直线上相应纵坐标之间的偏离程度. 我们希望 y_i 与 $\hat{y}_i$ 的 n 个偏差构成的总偏差越小越好，这才说明所找的直线是最好的. 显然，这个总偏差不能用 n 个偏差之和 $\sum_{i=1}^{n}(y_i-\hat{y}_i)$ 来表示，通常是用偏差的平方和，即

$$Q=\sum_{i=1}^{n}(y_i-a-bx_i)^2 \tag{2}$$

作为总偏差，并使之达到最小. 这样，回归直线就是所有直线中 Q 取最小值的那一条. 由于平方又叫二乘法，所以这种使“偏差平方和为最小”的方法，叫作**最小二乘法**.

如何得到偏差平方和为“最小”呢？我们可通过对公式（2）进行复杂的初等变换，得到偏差平方和最小的一元线性回归方程和回归系数，即

$$\hat{b}=\frac{\sum_{i=1}^{n}x_iy_i-n\bar{x}\bar{y}}{\sum_{i=1}^{n}x_i^2-n\bar{x}^2} \tag{3}$$

$$\hat{a}=\bar{y}-b\bar{x}$$

其中 a，b 的上方加“ˆ”，表示是由观察值按最小二乘法求得的估计值，也叫回归系数，$\hat{a}$，$\hat{b}$ 求出后，回归直线方程就建立起来了.

下面利用公式（3）来求上例中腐蚀深度 Y 对腐蚀时间 x 的回归直线方程. 列表见表3-15.

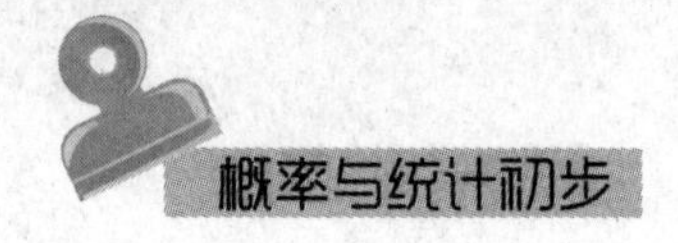

表3-15

序号	x	y	x^2	y^2	xy
1	5	6	25	36	30
2	10	10	100	100	100
3	15	10	225	100	150
4	20	13	400	169	260
5	30	16	900	256	480
6	40	17	1 600	389	680
7	50	19	2 500	361	950
8	60	23	3 600	529	1 380
9	70	25	1 900	625	1 750
10	90	29	8 400	841	2 610
11	120	46	14 400	2 116	5 520
Σ	510	214	36 750	5 422	13 910

提 示

不必把 $\overline{x}\,\overline{y}$ 化为小数，以减小误差

由上表算得 $\overline{x}=\frac{510}{11}$，$\overline{y}=\frac{214}{11}$，代入前面的公式（3）得

$$\hat{b}=\frac{13\,910-11\times\frac{510}{11}\times\frac{214}{11}}{36\,750-11\times\left(\frac{510}{11}\right)^2}=0.304\,336$$

$$\hat{a}=\frac{214}{11}-0.304\,336\times\frac{510}{11}=5.34$$

得到腐蚀深度 Y 对腐蚀时间 x 的回归直线方程为

$$\hat{y}=5.34+0.304x$$

这里的回归系数 $b=0.304$，它的意义是：腐蚀时间 x 每增加一个单位（秒），深度 Y 平均增加 0.304 个单位（微米）.

知识巩固

1. 根据“实例考察”中的数据，试预测当气温为-5 ℃时，该超市一天销售热茶的杯数.

2. 已知某厂家的销售额 y（万元）与促销费 x（万元）的一组统计数据如下：

x	30	25	20	30	40	50
y	470	460	420	460	500	500

试求：(1) 销售额 y 与促销费 x 之间的线性回归方程；

(2) 当促销费为 35 万元时，估计厂家销售额为多少？

专题阅读

即使不愿回答也能调查：概率论的应用

20世纪以来，由于物理学、生物学、工程技术、农业技术和军事技术发展的推动，概率论飞速发展，理论课题不断扩大与深入，应用范围大大拓宽．在最近几十年中，概率论的方法被引入各个工程技术学科和社会学科．目前，概率论在物理、自动控制、地震预报、气象预报、工厂产品质量控制、农业试验和公用事业等方面都得到了重要应用，还有越来越多的概率论方法被引入经济、金融和管理科学，成为这些学科的有力工具．概率论内容丰富、结论深刻，有别开生面的研究课题，有自己独特的概念和方法，已经成为近代数学一个有特色的分支．

下面举一个概率论在社会调查中应用的例子．某调查机构对某省行政区内国有大型企业的年轻职工进行调查，统计打算在劳动合同期满后离职者所占的比例．由于很多人不愿意透露对这类问题的真实意愿，为了得到正确的结论，调查者将问题进行了调整，将“劳动合同期满后，你是否会离职”定为问题a，另设问题b：“你的年龄是否为奇数”．将a，b组成一组问题，让被调查者抛硬币决定回答问题a或问题b，并且在问卷上不标示被调查者回答的是问题a还是问题b．解除了顾虑后，被调查者一般都会给出真实的想法．然后运用概率论方法，就可以从调查结果中得到调查者想知道的要离职者的比例．假定有3 000人接受调查，结果有812人回答“是”．因为被调查者回答问题a、问题b的概率各是50%，所以将各有约1 500人回答a或b问题．又因为被调查者年龄是奇数的概率各是50%，所以1 500个回答b问题的人中，约有750人回答“是”．那么812个“是”的答案中减去这750个关于年龄的“是”，约有62个“是”为关于离职问题的答案，于是，调查者就可以得到打算在劳动合同期满后离职者的比例约$\frac{62}{1\,500}$，即$\frac{31}{750}$．

第4章

数据表格信息处理

在现代社会中，我们经常面对各种各样的数据，需要对数据进行收集、分类、加工，从中挖掘有用的信息.

数据表和相关图示是记录、显示数据信息的重要形式，具有简明、准确、信息量大、逻辑性强等特点，便于人们对数据进行统计分析，是重要的信息汇总、表达形式.

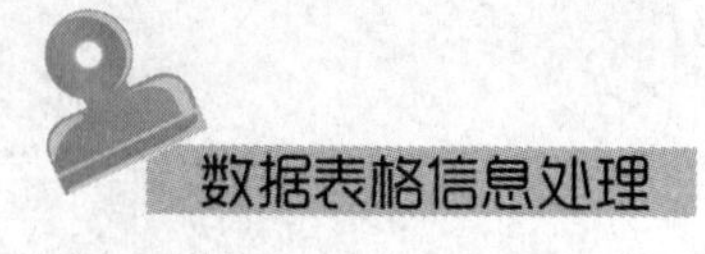

知识框图

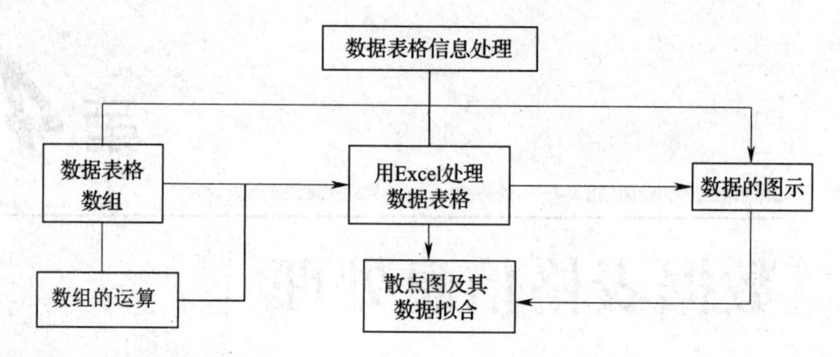

教学要求

1. 理解数据表格和数组的概念，会根据提供的数据制作数据表格，会正确表达数据表格中的数组.

2. 掌握数字数组的运算法则，会进行数字数组的加法、减法、数乘运算，会求数字数组的内积，会根据数据表格的要求进行相关的数组运算.

3. 认识数据的图示作用，掌握制作饼图、直方图、折线图的方法和步骤，能根据图示对数据所反映的信息作简要评析.

4. 了解散点图的制作方法和步骤，了解运用 Excel 进行数据拟合的过程和操作方法，会进行简单模型的数据拟合.

5. 会运用 Excel 绘制饼图、直方图、折线图及进行数据表格的数组运算，能够运用数据表格、数据的图示、数字数组的运算解决实际问题.

4.1 数据表格、数组

数据表格

实例考察

表4-1反映2015年我国某市行业企业减员监测数据，表4-2反映某校机电专业一班第（一）小组期末语文、数学、英语、体育、机械制图成绩．从两个表中你能读取到哪些信息？

表4-1　　某市行业企业减员监测数据

行业	减员企业数	2015年3月人数	2015年4月人数	减员数	减少幅度/%
农、林、牧、渔业	1	70	69	1	1.43
采矿业	2	1 902	1 883	19	1.00
制造业	17	16 495	16 287	208	1.26
建筑业	1	998	983	15	1.50
交通运输、仓储和邮政业	1	59	57	2	3.39
批发和零售业	8	2 647	2 610	37	1.40
住宿和餐饮业	4	587	555	32	5.45
房地产业	2	232	228	4	1.72
租赁和商业服务业	1	64	61	3	4.69

表4-2　　机电一班第（一）小组期末语文、数学、英语、体育、机械制图成绩

学科 姓名	语文	数学	英语	体育	机械制图
张楠	90	84	95	优秀	89
王红	79	94	81	及格	76
沈彬	87	69	76	及格	90
李飞	65	80	79	良好	88
吴江	70	84	65	良好	71

表4-1和表4-2即称为**数据表格或表**.

表格由纵向的列和横向的行所围成的格子组成，每个格子中都包含了文字、数字、字母等信息. 我们把数据表格中的格子叫**单元格**.

表格通常由表号（表序）、表题、栏目行、栏目列、表头、表身组成.

（1）表号（表序），即表格的序号，用数字按全书（全文）或章统一编号，位于表格顶格线的上方，见表4-1. 表号用于区别不同的数据表格，若文中只有一个表格，可省略表号.

（2）表题，即表格的名称，简要反映表格的内容和用途，位于表格顶格线的上方，紧随表号.

（3）栏目行与栏目列，栏目行即表格横排的第一行，栏目列即表格竖排第一列. 栏目行与栏目列可用中文、英文字母、数字等表示，反映该栏目列（行）数据信息的属性、性质、单位等.

（4）表头，即栏目行与栏目列的第一个单元格，一般情况下用于表示栏目的属性，见表4-1. 对于较复杂的表格，用斜线将表头分隔成若干个区域，分别表示栏目行与栏目列的属性，见表4-2.

（5）表身，即收集的数据信息，每个单元格中的数据都应与所在栏目行、栏目列相对应.

例题解析

例　以下是2019江苏省13个地级市GDP（亿元）及其名义增量与名义增速.

南京GDP，14 030.20，名义增量1 209.80，名义增速9.43%；无锡GDP，11 852.30，名义增量413.68，名义增速

3.62%；徐州 GDP，名义增量 7 151.40，396.17，名义增速 5.86%；常州 GDP，7 400.90，名义增量 350.63，名义增速 4.97%；苏州 GDP，19 235.80，名义增量 638.33，名义增速 3.34%；南通 GDP，9 383.40，名义增量 956.40，名义增速 11.35%；连云港 GDP，3 139.30，名义增量 367.59，名义增速 13.26%；淮安 GDP，3 871.20，名义增量 269.95，名义增速 7.50%；盐城 GDP，5 702.30，名义增量 215.22，名义增速 3.92%；扬州 GDP，5 850.10，名义增量 383.91，名义增速 7.02%；镇江 GDP，4 127.30，名义增量 77.30，名义增速 1.91%；泰州 GDP，5 133.40，名义增量 25.77，名义增速 0.50%；宿迁 GDP，3 099.20，名义增量 348.51，名义增速 12.67%；合计 GDP，99 631.50，名义增量 7 036.10，名义增速 7.60%.

试制作 2019 年江苏省 13 个地级市 GDP 成绩表.

解 制表4-3如下所示.

表4-3 2019 年江苏省 13 地级市 GDP 表

城市	2019 年 GDP/亿元	名义增量	名义增速/%
南京	14 030.20	1 209.80	9.43
无锡	11 852.30	413.68	3.62
徐州	7 151.40	396.17	5.86
常州	7 400.90	350.63	4.97
苏州	19 235.80	638.33	3.34
南通	9 383.40	956.40	11.35
连云港	3 139.30	367.59	13.26
淮安	3 871.20	269.95	7.50
盐城	5 702.30	215.22	3.92
扬州	5 850.10	383.91	7.02
镇江	4 127.30	77.30	1.91
泰州	5 133.40	25.77	0.50
宿迁	3 099.20	348.51	12.67
合计	99 631.50	7 036.10	7.60

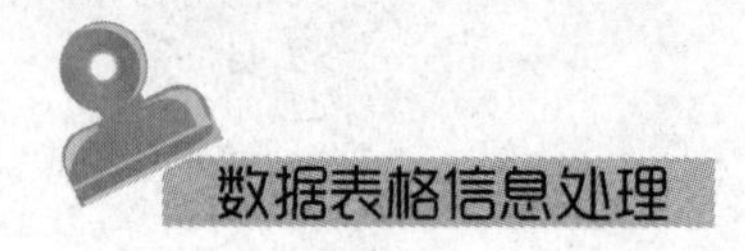

知识巩固 1

1. 试作周一至周五班级值日表，内容包括擦黑板、扫地、拖地、整理课桌、倒垃圾.

2. 以下是某年 3 月和第一季度，在我国销量排前 5 位的汽车品牌的销量数据如下.

大众：3 月销量 230 417 辆，同比下跌 8%；第一季度销量 784 352 辆，同比下跌 1%；乘用车市场份额（下同）14.7%. 长安：3 月销量 97 752 辆，同比增长 34%；第一季度销量 303 934 辆，同比增长 58%；市场份额 5.7%. 现代：3 月销量 103 785 辆，同比增长 8%；第一季度销量 283 104 辆，同比下跌 2%；市场份额 5.3%. 别克：3 月销量 78 781 辆，同比增长 0%；第一季度销量 229 015 辆，同比下跌 4%；市场份额 4.3%. 福特：3 月销量 76 943 辆，同比增长 2%；第一季度销量 226 620 辆，同比增长 11%；市场份额 4.3%.

试制作该年 3 月与一季度上述品牌汽车销量数据表.

数组

实例考察

比较表4-1与表4-2中单元格的数据.

（1）它们有哪些共同点？又有哪些区别？

（2）在表身的单元格中，同一行各数据的属性是否相同？同一列各数据的属性是否相同？

可以看到，两个表中数据的共同点：单元格中都有数据. 区别是表4-1由表示不同的各类数字组成，表4-2由表示成绩的数字与表示体育等级的文字组成.

表格中，每一个栏目下一组依次排列的数据叫作**数组**，用黑体字母表示. 数组中的每一个数据叫作**数组的元素**，用带下标的字母表示. 例如，数组 $\boldsymbol{a}$ 可表示为

$$\boldsymbol{a}=(a_1, a_2, a_3, \cdots, a_n)$$

表4-2中表示学生姓名的数组为

$$A=\{张楠，王红，沈彬，李飞，吴江\}$$

这样的数组叫作**文字数组**或**字符串数组**.

表4-1中表示企业减员数的数组

$$B=\{1，19，208，15，2，37，32，4，3\}$$

这样的数组叫作**数字数组**.

表4-2中表示张楠成绩的数组

$$C=\{90，84，95，优秀，89\}$$

这样的数组叫作**混合数组**.

每一个数组反映了对应栏目的信息，因此数组中各对应数据的次序不能交换.

规定：两个数组相等，当且仅当这两个数组的元素个数相等，且按顺序对应的各元素也相等.

例题解析

例 试写出表4-1中企业职工减少幅度的数字数组，表4-3中城市的文字数组与GDP名义增量的数字数组.

解 表4-1中企业职工减少幅度的数字数组

$A=\{1.43\%，1.00\%，1.26\%，1.50\%，3.39\%，1.40\%，5.45\%，1.72\%，4.69\%\}$

表4-3中城市的文字数组

$B=\{南京，无锡，徐州，常州，苏州，南通，连云港，淮安，盐城，扬州，镇江，泰州，宿迁\}$

表4-3中城市的名义增量的数字数组

$C=\{1\ 209.80，413.68，396.17，350.63，638.33，956.40，367.59，269.95，215.22，383.91，77.30，25.77，348.51\}$

知识巩固 2

正弦、余弦、正切函数在自变量取不同值时的函数值如下表所示：

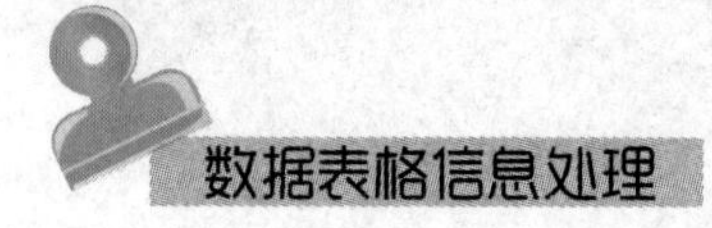

x	0	$\frac{\pi}{2}$	π	$\frac{3\pi}{2}$	2π
$y=\sin x$	0	1	0	-1	0
$y=\cos x$	1	0	-1	0	1
$y=\tan x$	0	不存在	0	不存在	0

(1) 写出表示函数的文字数组和表示正弦函数值的数字数组.

(2) 表示正切函数值的数组是什么类型的数组?

4.2 数组的运算

数组的加法、减法运算

实例考察

表4-4反映了2008年和2009年全国参加失业保险、工伤保险、生育保险的人数情况.

(1) 表中数据能组成多少个数字数组?

(2) 2008年和2009年参加这三类保险的总人数各是多少?

(3) 你还能从表中获得什么信息?

表4-4　　全国参加失业保险、工伤保险、生育保险的人数表　　万人

年份	2008年	2009年
失业保险	12 400	12 716
工伤保险	13 787	14 896
生育保险	9 254	10 876

可以看出组成的数组有(12 400，12 716)，(13 878，14 896)，(9 254，10 876)，(12 400，13 878，9 254)，(12 716，14 896，10 876)，共5个数组.

2008年参加三类保险的总人数为12 400＋13 787＋9 254＝35 441人，2009年参加三类保险的总人数为12 716＋14 896＋10 876＝38 488万人.

一般地，我们把数组中元素的个数叫作**数组的维数**. 例如，数组(12 400，12 716)是二维数组，数组(12 400，13 787，9 254)是三维数组.

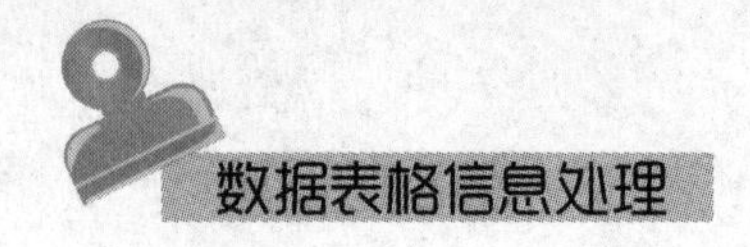

对于两个 n 维数组 $\boldsymbol{a}=(a_1, a_2, a_3, \cdots, a_n)$，$\boldsymbol{b}=(b_1, b_2, b_3, \cdots, b_n)$，我们规定：

（1）加法：
$$\boldsymbol{a}+\boldsymbol{b}=(a_1, a_2, a_3, \cdots, a_n)+(b_1, b_2, b_3, \cdots, b_n)=(a_1+b_1, a_2+b_2, a_3+b_3, \cdots, a_n+b_n)$$

数组 $\boldsymbol{a}+\boldsymbol{b}$ 叫作数组 A 与数组 B 的**和数组**，简称**和**.

（2）减法：
$$\boldsymbol{a}-\boldsymbol{b}=(a_1, a_2, a_3, \cdots, a_n)-(b_1, b_2, b_3, \cdots, b_n)=(a_1-b_1, a_2-b_2, a_3-b_3, \cdots, a_n-b_n)$$

数组 $\boldsymbol{a}-\boldsymbol{b}$ 叫作数组 A 与数组 B 的**差数组**，简称**差**.

例题解析

例 已知数字数组 $\boldsymbol{a}=\left(\frac{3}{4}, 2, 7\right)$，$\boldsymbol{b}=(6, -3, 1)$，$\boldsymbol{c}=(2, 1, -1)$ 求：

（1）$\boldsymbol{a}+\boldsymbol{b}$；（2）$\boldsymbol{a}-\boldsymbol{b}+\boldsymbol{c}$.

解 （1）
$$\boldsymbol{a}+\boldsymbol{b}=\left(\frac{3}{4}, 2, 7\right)+(6, -3, 1)=\left(\frac{27}{4}, -1, 8\right)$$

（2）
$$\boldsymbol{a}-\boldsymbol{b}+\boldsymbol{c}=\left(\frac{3}{4}, 2, 7\right)-(6, -3, 1)+(2, 1, -1)=\left(-\frac{13}{4}, 6, 5\right)$$

数组的数乘运算

一般地，用实数 k 乘数组 $\boldsymbol{a}=(a_1, a_2, a_3, \cdots, a_n)$，简称**数乘**. 数乘的法则为

$$k\boldsymbol{a}=k(a_1, a_2, a_3, \cdots, a_n)=(ka_1, ka_2, ka_3, \cdots, ka_n)$$

例题解析

例 用数组的加法和数乘运算，求表4-2中每个学生的语文、数学、英语、机械制图的总分与平均成绩.

解 (1) 张楠、王红、沈彬、李飞、吴江的语文、数学、英语和机械制图成绩构成的数组分别为

$\boldsymbol{a}_1=(90, 79, 87, 65, 70)$，$\boldsymbol{a}_2=(84, 94, 69, 80, 84)$，
$\boldsymbol{a}_3=(95, 81, 76, 79, 65)$，$\boldsymbol{a}_4=(89, 76, 90, 88, 71)$

每位同学的总分构成的数组为

$$\begin{aligned}\boldsymbol{a}&=\boldsymbol{a}_1+\boldsymbol{a}_2+\boldsymbol{a}_3+\boldsymbol{a}_4\\&=(90, 79, 87, 65, 70)+(84, 94, 69, 80, 84)+\\&\quad(95, 81, 76, 79, 65)+(89, 76, 90, 88, 71)\\&=(358, 330, 322, 312, 290)\end{aligned}$$

所以，张楠、王红、沈彬、李飞、吴江同学的总分分别为358，330，322，312，290.

(2) 每位同学的平均成绩构成的数组为

$$\boldsymbol{b}=\frac{1}{4}\boldsymbol{a}=(87, 82.5, 80.5, 78, 72.5)$$

所以，张楠、王红、沈彬、李飞、吴江同学的平均成绩分别为87，82.5，80.5，78，72.5.

知识巩固 1

1. 已知数组$\boldsymbol{a}=(3, -2, 9)$，$\boldsymbol{b}=\left(\frac{1}{2}, 3, 7\right)$，求：

(1) $\boldsymbol{a}+\boldsymbol{b}$；(2) $\boldsymbol{a}-\boldsymbol{b}$；(3) $3\boldsymbol{a}-2\boldsymbol{b}$.

2. 某商场一季度部分家电销售情况（单位：台）如表4-5所示.

(1) 各类家电一季度的销售总量分别是多少？各类家电一季度的平均每月销售量是多少？

(2) 3月份与2月份相比，各类家电销量分别增加了多少？

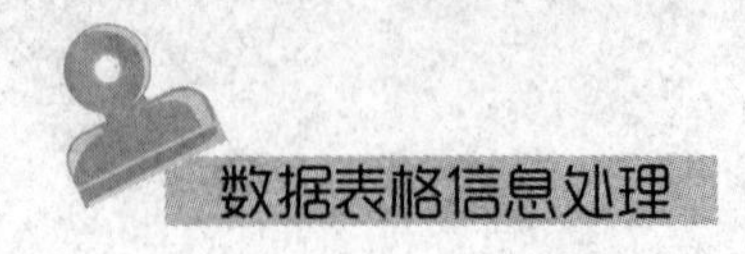

表4-5　　一季度部分家电销售情况

月份	一月	二月	三月	一季度销量总和
空调	65	10	45	
冰箱	25	63	31	
电视机	72	120	101	
洗衣机	45	66	75	

数组的内积

实例考察

表4-6记录了上海股市某只股票在某一段时间内的成交情况.

表4-6　　股票成交情况

成交价/(元/股)	26.50	27.00	26.80	27.20	27.50
成交量/股	1 000	1 500	800	1 200	3 000
成交金额/元					

(1) 完成表格.

(2) 在这个时间段内的总成交金额是多少?

一般地，对两个 n 维数字数组 $\boldsymbol{a}=(a_1, a_2, a_3, \cdots, a_n)$，$\boldsymbol{b}=(b_1, b_2, b_3, \cdots, b_n)$，规定：

$$\boldsymbol{a}\cdot\boldsymbol{b}=(a_1, a_2, a_3, \cdots, a_n)\cdot(b_1, b_2, b_3, \cdots, b_n)$$
$$=a_1b_1+a_2b_2+\cdots+a_nb_n$$

我们把 $\boldsymbol{a}\cdot\boldsymbol{b}$ 叫作数组 $\boldsymbol{a}$ 与数组 $\boldsymbol{b}$ 的内积，从上式可以看出，数组的内积是一个数字.

例题解析

例　已知数组 $\boldsymbol{a}=(3, 2, -5)$，$\boldsymbol{b}=(1, -3, 6)$.

(1) 求 $\boldsymbol{a}\cdot\boldsymbol{b}$，$\boldsymbol{b}\cdot\boldsymbol{a}$；

(2) 设数组 $\boldsymbol{c}=(-3, 2, x)$，且 $\boldsymbol{b}\cdot\boldsymbol{c}=-2$，求 x 的值.

解 (1) $\boldsymbol{a}\cdot\boldsymbol{b}=(3,\ 2,\ -5)\cdot(1,\ -3,\ 6)$

$=3\times1+2\times(-3)+(-5)\times6$

$=-33$

$\boldsymbol{b}\cdot\boldsymbol{a}=(1,\ -3,\ 6)\cdot(3,\ 2,\ -5)$

$=1\times3+(-3)\times2+6\times(-5)$

$=-33$

(2) $\boldsymbol{b}\cdot\boldsymbol{c}=(1,\ -3,\ 6)\cdot(-3,\ 2,\ x)$

$=1\times(-3)+(-3)\times2+6x$

$=-9+6x$

因为 $\boldsymbol{b}\cdot\boldsymbol{c}=-3$，所以 $-9+6x=-3$，即 $x=1$.

数组的运算律

n 维数字数组的加法、减法、内积有下列运算律（$\lambda,\ \mu\in\mathbf{R}$）：

(1) $\boldsymbol{a}+\mathbf{0}=\boldsymbol{a}$，$\boldsymbol{a}+(-\boldsymbol{a})=\mathbf{0}$

其中 $\mathbf{0}=(0,\ 0,\ \cdots,\ 0)$ 是 n 维数字数组.

(2) 结合律

$$(\boldsymbol{a}+\boldsymbol{b})+\boldsymbol{c}=\boldsymbol{a}+(\boldsymbol{b}+\boldsymbol{c})$$

$$\lambda(\mu\boldsymbol{a})=(\lambda\mu)\boldsymbol{a}=\mu(\lambda\boldsymbol{a})$$

$$\lambda(\boldsymbol{a}\cdot\boldsymbol{b})=(\lambda\boldsymbol{a})\cdot\boldsymbol{b}=\boldsymbol{a}\cdot(\lambda\boldsymbol{b})$$

(3) 交换律

$$\boldsymbol{a}+\boldsymbol{b}=\boldsymbol{b}+\boldsymbol{a}$$

$$\boldsymbol{a}\cdot\boldsymbol{b}=\boldsymbol{b}\cdot\boldsymbol{a}$$

(4) 分配律

$$(\lambda+\mu)\ \boldsymbol{a}=\lambda\boldsymbol{a}+\mu\boldsymbol{a}$$

$$\lambda\ (\boldsymbol{a}+\boldsymbol{b})\ =\lambda\boldsymbol{a}+\lambda\boldsymbol{b}$$

$$(\boldsymbol{a}+\boldsymbol{b})\ \cdot\boldsymbol{c}=\boldsymbol{a}\cdot\boldsymbol{c}+\boldsymbol{b}\cdot\boldsymbol{c}$$

例题解析

例 某饭店烹调“汽锅鸽子汤”的用料规定如下：①鸽子 1 只，单价 14 元/只；②水发口菇 50 克，单价 10 元/千克；

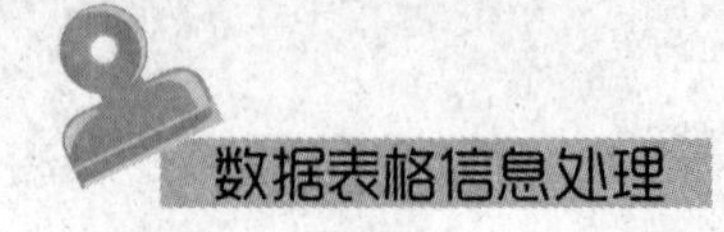

③冬笋，火腿，干贝等原料 6 元；④调味品 0.9 元．规定毛利率为 55%.

(1) 制作“汽锅鸽子汤”的成本表，并求出总成本；

(2) 求“汽锅鸽子汤”的定价（无折扣，结果取整数）.

解 (1) 50 克＝0.05 千克

制作表4-7.

表4-7　　饭店“汽锅鸽子汤”成本表

原料	数量	单价/元	成本价/元
鸽子	1	14	14
水发口菇	0.05	10	0.5
冬笋，火腿，干贝等	1	6	6
调味品	1	0.9	0.9

设原材料数量的数组为 $\boldsymbol{a}=(1,\ 0.05,\ 1,\ 1)$，每种原材料单价的数组为 $\boldsymbol{b}=(14,\ 10,\ 6,\ 0.9)$.

制作“汽锅鸽子汤”的总成本价为

$$
\begin{aligned}
d &= \boldsymbol{a}\cdot\boldsymbol{b}\\
&=(1,\ 0.05,\ 1,\ 1)\cdot(14,\ 10,\ 6,\ 0.9)\\
&=14+0.5+6+0.9\\
&=21.4\ (\text{元})
\end{aligned}
$$

(2) 毛利率＝(销售收入－销售成本)/销售收入

因为无折扣，所以定价＝销售收入.

即　无利率＝(定价－销售成本)/定价

代入数据

$$55\%=0.55=(\text{定价}-21.4)/\text{定价}$$

解得　定价≈48（元）

知识巩固 2

1. 已知数组 $\boldsymbol{a}=(2,\ -1,\ 5)$，$\boldsymbol{b}=(3,\ -5,\ 4)$，$\boldsymbol{c}=(3,\ 5,\ -2)$. 求：

(1) $\boldsymbol{a}+\boldsymbol{b}+2\boldsymbol{c}$；(2) $\boldsymbol{b}\cdot\boldsymbol{c}$；(3) $(\boldsymbol{a}-\boldsymbol{b})\cdot\boldsymbol{c}$；(4) $\boldsymbol{a}\cdot(\boldsymbol{b}+\boldsymbol{c})$.

2. 开心商店于 2015 年 7 月 1 日批发销售的商品如下：①甲商品 20 件，批发价 2.10 元/件，成本价 1.90 元/件；②乙商品 25 件，批发价 2.60 元/件，成本价 2.20 元/件；③丙商品 30 件，批发价 2.70 元/件，成本价 2.40 元/件.

(1) 制作批发销售表格，并在表中反映商品名称、数量、批发价、成本价、利润.

(2) 求开心商店这一天中甲、乙、丙三种商品的批发利润.

3. 日升超市举办节日打折酬宾活动. 小王在超市购买了以下商品：①香辣牛肉面 15 袋，单价 1.80 元/袋，打八折；②薯片 4 袋，单价 9 元/袋，打八五折；③泡菜 2 瓶，单价 4.50 元/瓶，打九折；④冰绿茶 24 盒，单价 1.70 元/盒，打八折.

(1) 制作一张购物清单表，表中须有商品名、数量、单价、折扣率、应付款.

(2) 求每件商品的应付款和总付款.

4.3 数据的图示

饼图

实例考察

图4-1是某城市2015年3季度用工年龄要求人数的饼图.

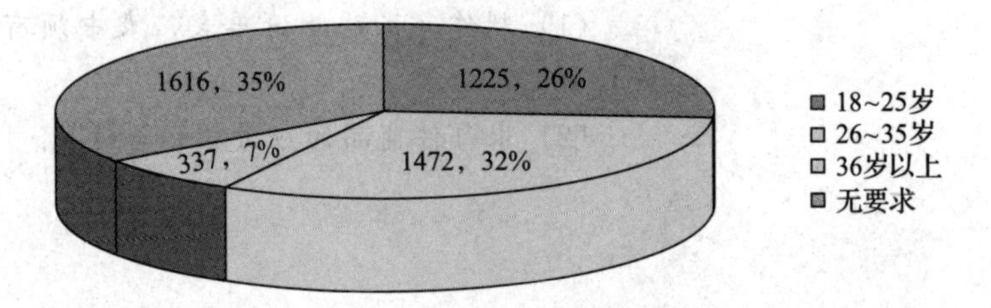

图4-1

(1) 36岁以下的年轻人占用工需求的比例是多少？

(2) 你从图中还读出了哪些信息？

饼图又称**圆形图**，它能够直观地反映个体与总体的比例关系，形象地显示个体在总体中所占的比例.

绘制饼图的原理是将圆作为总体，通过圆上扇形面积的大小来反映某个数据或某个项目在总体中所占的比例. 当圆的半径不变时，扇形的面积与对应的圆心角成正比. 因此，绘制饼图的关键是求出比例数据及其对应的圆心角.

绘制饼图的步骤如下：

第一步，制作数据表，并在表上列出数据占总体的比例.

第二步，根据比例数据计算圆心角度数，若比例数据为 k，则圆心角 $\alpha=k\cdot 360°$.

第三步，根据圆心角 α 画出扇形，并涂上不同的颜色.

第四步，在饼图的下方写上标题，每个扇形旁边标注比例.并在图的右边标注不同颜色所对应的类型.

例题解析

例 2018年我国全社会用电量68 449亿千瓦时.分产业看，第一产业用电量728亿千瓦时；第二产业用电量47 235亿千瓦时；第三产业用电量10 801亿千瓦时；城乡居民生活用电量9 685亿千瓦时.绘制饼图并对结果作简要评析.

解 第一步，制作数据表，并在表上列出各类人员占总体的比例，见表4-8.

表4-8　　各产业用电量

产业	第一产业	第二产业	第三产业	城乡居民生活用电
用电量/亿千瓦时	728	47 235	10 801	9 685
比例/%	1.06	69.01	15.78	14.15

第二步，计算圆心角度数，见表4-9.

表4-9　　计算圆心角度数

产业	第一产业	第二产业	第三产业	城乡居民生活用电
用电量/亿千瓦时	728	47 235	10 801	9 685
比例/%	1.06	69.01	15.78	14.15
圆心角/度	4	248	57	51

第三步，画出扇形，并涂上不同的颜色，如图4-2所示.

第四步，写上标题，在每一个扇形旁边标注每种岗位所对应的颜色，如图4-2所示.

评析 从图4-2中可以看出，我国第二产业用电量最大，占69.01%，其次是第三产业，占15.78%；而第一产业用电量最少，占1.06%.

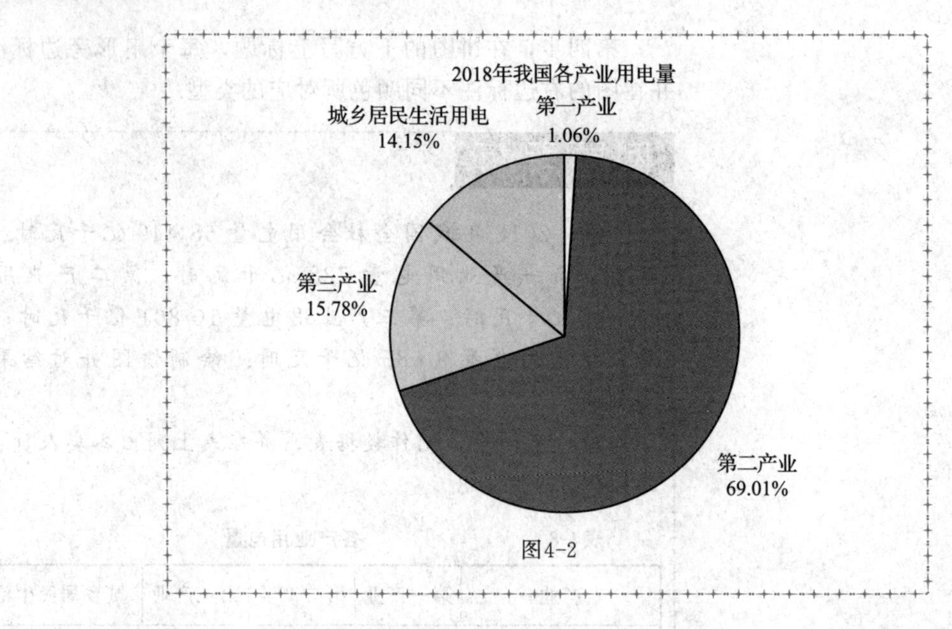

图4-2

知识巩固 1

1. 某饭店餐饮部在一季度发现服务质量问题45件，其中菜肴质量问题17件，服务态度问题15件，服务技能问题6件，安全卫生问题4件，其他问题3件，绘制饼图并对结果作简要评析.

2. 按岗位分类，生产及操作人员是某市2015年第3季度企业用工需求的主体，共有3 346个岗位需求；商业及服务人员约有440个岗位需求；管理人员约有217个岗位需求；专业技术人员有412个岗位需求；办事及有关人员约有235个岗位需求. 绘制饼图并对结果作简要评析.

直方图

实例考察

图4-3反映了机电1班第一小组学生语文、数学、机械制图考试成绩. 比较这四幅图，它们各有什么特点？你从中读到什么信息？

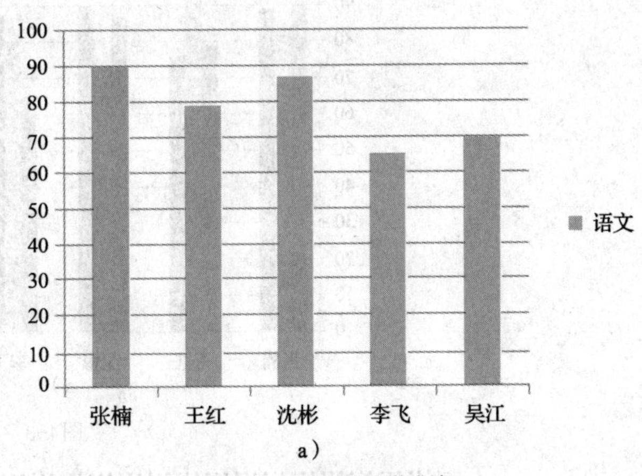
机电1班第一小组期末语文成绩
100
90
80
70
60
50
40
30
20
10
0
张楠
王红
沈彬
李飞
吴江
语文

a）

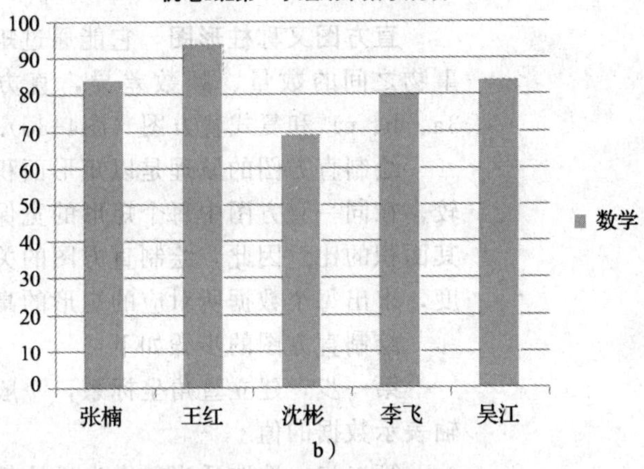
机电1班第一小组期末数学成绩
100
90
80
70
60
50
40
30
20
10
0
张楠
王红
沈彬
李飞
吴江
数学

b）

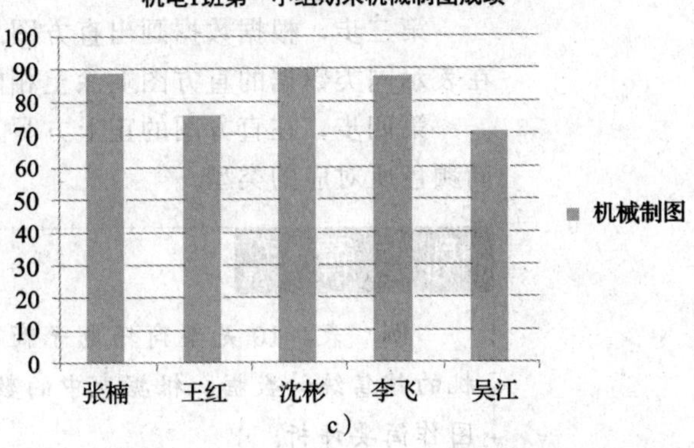
机电1班第一小组期末机械制图成绩
100
90
80
70
60
50
40
30
20
10
0
张楠
王红
沈彬
李飞
吴江
机械制图

c）

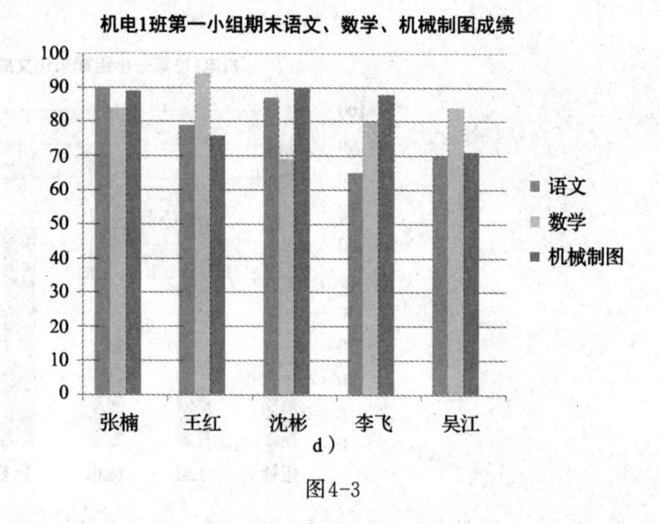

d)

图4-3

直方图又称**柱形图**，它能通过矩形的高低，形象地显示同类事物之间的数量、频数差异，直方图分为单一直方图（图4-3a、b、c）和复式直方图（图4-3d).

绘制直方图的原理是以矩形面积表示数量、频数，为便于比较，在同一直方图中每个矩形的宽保持不变，各矩形高的比等于其面积的比. 因此，绘制直方图的关键是根据数据设置合理的高度，求出每个数据所对应的矩形的高.

绘制直方图的步骤如下：

第一步，建立直角坐标系，一般用横轴表示数据类型，用纵轴表示数据的值.

第二步，选取适当的纵坐标比例.

第三步，根据数据画出直方图. 若直方图反映多个数据，应在表示同类数据的直方图上涂上相同的颜色或画上相同的斜线.

第四步，在直方图的正上方写上标题，并在图的右边标注不同颜色所对应的类型.

例题解析

例 表4-10 是某商场电子商品柜台 7—12 月手机与计算机的销售统计数据，根据表中的数据绘制直方图，并根据直方图作简要评析.

表4-10　　7—12 月手机与计算机销量统计表

时间	手机销量	计算机销量
7月	4 122	4 092
8月	4 134	2 523
9月	3 392	4 467
10月	5 454	4 274
11月	3 238	2 820
12月	5 215	3 043

解　第一步，建立直角坐标系，时间作为横坐标，商品销量作为纵坐标.

第二步，选取适当比例，确定纵坐标.

因为销量的最大值为5 454，最小值为2 820，所以确定纵坐标的最大值为5 500，以1 000作为纵坐标的单位.

第三步，计算每个单元格中的数据所对应的坐标，画出直方图.

第四步，写标题，标注不同颜色所对应的类别得到图4-4.

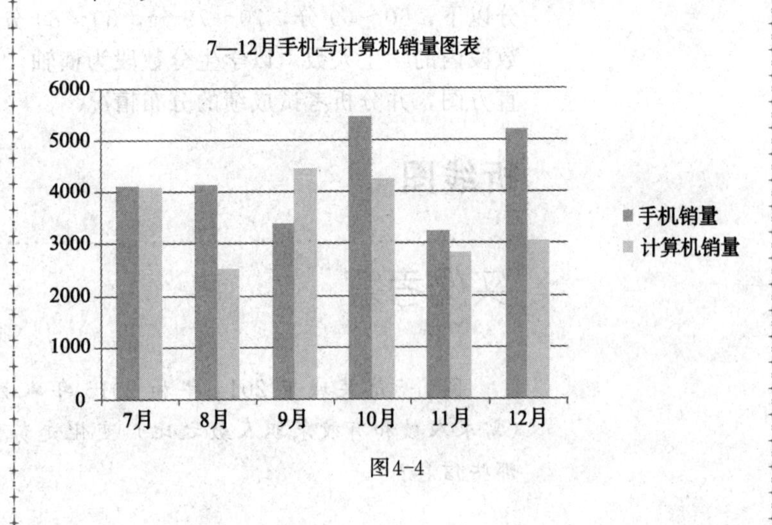

图4-4

评析 从图4-4可以看出，该电子商品柜台在7—12月中，除9月外，手机销量都比计算机销量大，并且10月的手机销量最大，9月开学季的计算机销量比较大，7月暑假开始时手机与计算机销量相对较高且基本持平，8月的计算机销量最低.

知识巩固 2

下表是关于旅游的统计数据，根据表中的数据绘制直方图，并根据直方图作简要评析.

旅游地点	南京出发	北京出发	上海出发
中国大陆	368	490	514
亚洲（中国大陆以外）	288	269	344
欧洲	123	378	681

实践活动

统计你班同学的数学期中考试成绩，并求出考试成绩在59分以下，60～69分，70～79分，80～89分，90～100分5个分数段内的学生人数. 以学生分数段为横轴，学生人数为纵轴制作直方图，并分析考试成绩的分布情况.

折线图

实例考察

图4-5是某城市2014年和2015年人力资源市场求人倍率（需求人数和有效求职人数之比）变化走势图，你从图中能读出哪些信息？

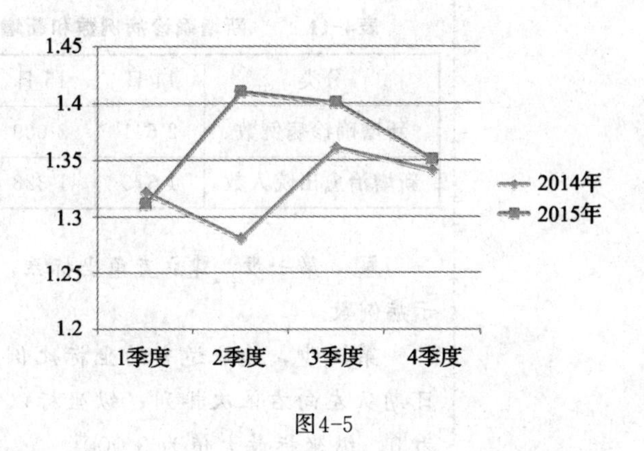

图4-5

折线图是用线段依次连接坐标系中的数据所表示的点而形成的折线.

折线图可以显示数据随时间变化的特征，能很好地反映数据之间的联系，还可根据折线的走向分析数据的变化情况.

绘制折线图的方法与用描点作图法作函数图像的方法基本相同，步骤如下：

第一步，建立直角坐标系，一般用横轴表示时间、序号等变量，用纵轴表示数量、频数等变量.

第二步，选取适当的坐标比例.

第三步，在坐标系中标出数据所对应的点，并依次连接，若折线图同时反映多个数组，即图中有几条折线，要用不同的线型或颜色加以区别.

第四步，在折线图的正上方写上标题，并在图的右边标注不同线型或颜色所对应的类别.

例题解析

例 新冠肺炎疫情对人们的生产、生活都产生了更大影响. 表4-11 显示的是 2020 年 2 月 14 日至 18 日连续五天，我国 31 个省（自治区、直辖市）和新疆生产建设兵团报告新增确诊病例数与新增治愈出院人数，根据此表绘制折线图，并作简要评析.

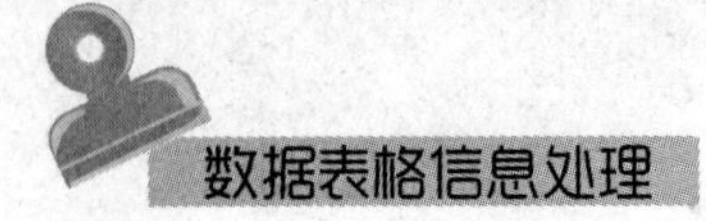

表4-11　　新增确诊病例数和新增治愈出院人数

分类	14 日	15 日	16 日	17 日	18 日
新增确诊病例数	2 641	2 009	2 048	1 886	1 749
新增治愈出院人数	1 373	1 323	1 425	1 701	1 824

解　第一步，建立直角坐标系，横坐标表示日期，纵坐标表示病例数.

第二步，选取适当的坐标比例. 横坐标自 2 月 14 日起按日期从左向右依次排列；纵坐标以 500 为单位，坐标系的原点为 0，纵坐标最大值为 3 000.

第三步，标出表4-11 中数据所对应的点，分别依次连接成折线，并用不同颜色对这两条线加以区别.

第四步，在折线正上方写上标题，并在图例中标注两条线所代表的新增确诊病例数与新增治愈出院人数，如图4-6所示.

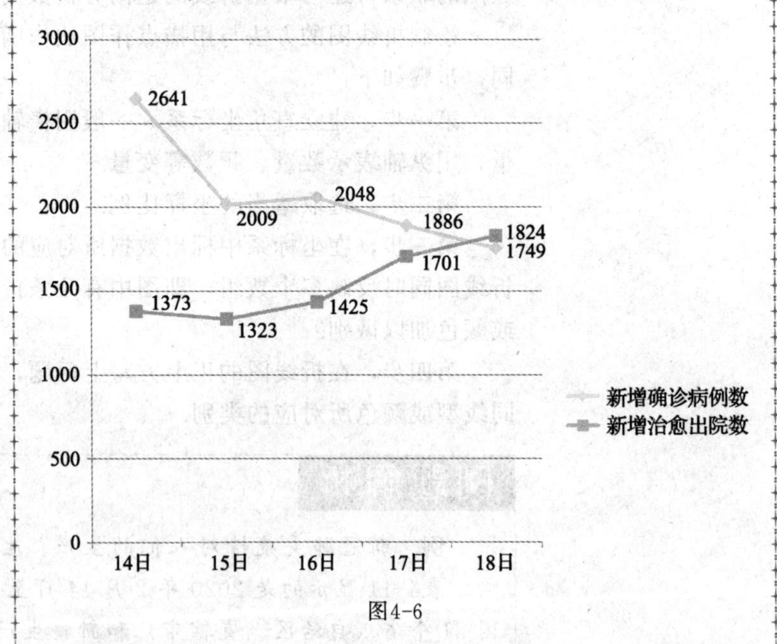

图4-6

评析　图4-6显示，新增确诊病例数不断下降，新增治愈病例数不断上升，到 2 月 18 日这天，新增治愈病例数已经开始大于新增确诊病例数.

知识巩固 3

下表是第 27 届到 30 届奥运会中国、美国、俄罗斯三个国家获得的金牌数统计表，根据此表绘制折线图，并根据折线图作简要评析.

国家	第 27 届	第 28 届	第 29 届	第 30 届
中国	28	32	51	38
美国	39	35	36	46
俄罗斯	32	27	23	24

4.4 散点图及其数据拟合

在现实世界中，事物之间存在着相互联系、相互影响的关系. 寻找这种关系的常用方法之一，是通过实验测得一批数据，经过对这些数据的分析处理，归纳出反映变量之间的模型.

数据拟合就是通过数据来研究变量之间存在的相互关系，并给出近似的数学表达式的一种方法. 根据拟合模型，可以对变量进行预测或控制. 上一章最后一节我们学习的一元线性回归就是一种最简单的数据拟合.

解决数据拟合问题的关键是准确绘制散点图.

散点图又称点图，它是以圆点的大小和同样大小圆点的多少或疏密表示统计对象的数量及其变化趋势的图.

下面通过具体的例子学习运用散点图进行数据拟合解决实际问题的方法.

例题解析

例 1 2009 年统计资料显示，我国能源生产发展迅速，表 4-12 是我国 2000 年至 2009 年能源生产总量（折合亿吨标准煤）的统计数据.

表4-12　　我国 2000 年至 2009 年能源生产总量

年份	2000	2001	2002	2003	2004	2005	2006	2007	2008	2009
产量/亿吨	13.5	14.4	15.1	17.2	19.7	21.6	23.2	24.7	26.1	27.5

试给出一个简单模型，预测 2010 年我国能源生产总量，并上网检索验证结论.

解 利用数据拟合解决问题，首先要用 Excel（表格处理软件）作出数据的散点图，然后通过观察散点图趋势选用适当的模型进行拟合.

具体方法如下：

(1) 在Excel工作表中输入上表中数据，然后用与绘制折线图类似的方法绘制散点图（图4-7）.

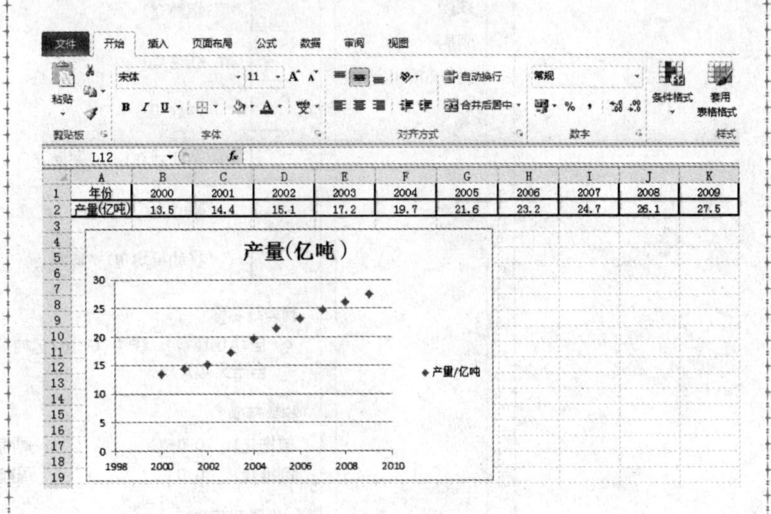

年份	2000	2001	2002	2003	2004	2005	2006	2007	2008	2009
产量(亿吨)	13.5	14.4	15.1	17.2	19.7	21.6	23.2	24.7	26.1	27.5

图4-7

(2) 用鼠标点中图像中任何一个散点后单击右键，在弹出的命令中点击“添加趋势线”.

(3) 在弹出的命令框中有趋势线选项页标签，其中又分为“回归分析类型”“趋势线名称”“趋势预测”三个部分（图4-8）.

(4) 本例中我们选择“线性”回归分析类型，并在“趋势预测”中勾选“显示公式”和“显示R平方值”.

(5) 完成设置后点击“关闭”，即可在图像框中出现趋势线，对应的函数表达式、R^2值（图4-9）.

由图4-9可知拟合数据模型为

$$y=1.671\,5x-3\,330.3$$

当$x=2\,010$时，$y\approx29.4$（亿吨）.

上面的方程也称回归方程，其中显示的R^2值越接近1，则拟合效果越好.

根据有关资料，2010年我国能源生产总量为29.6亿吨标准煤，与上述预测的数据非常接近.

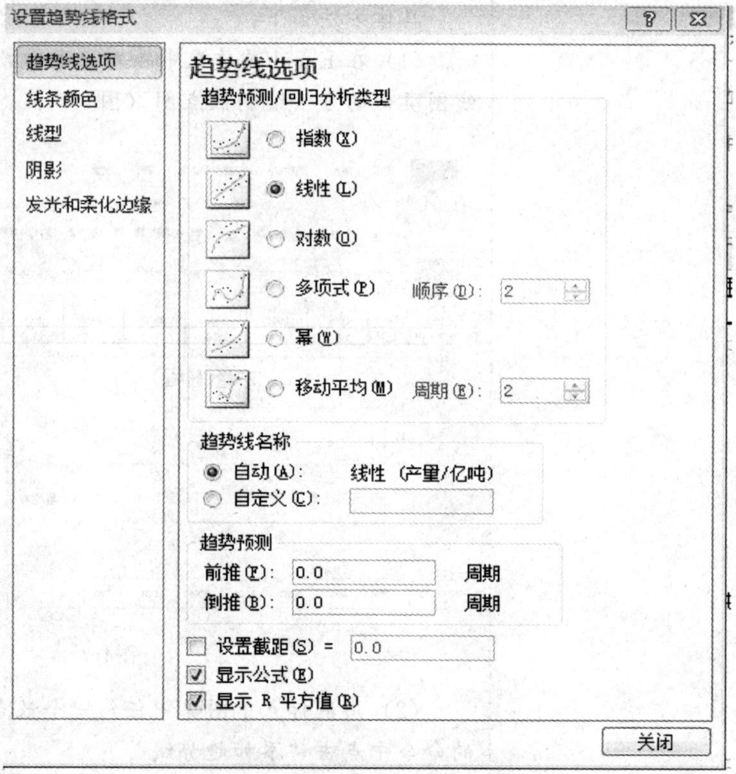

设置趋势线格式

趋势线选项
线条颜色
线型
阴影
发光和柔化边缘

趋势线选项

趋势预测/回归分析类型

指数(X)
线性(L)
对数(O)
多项式(P) 顺序(D): 2
幂(W)
移动平均(M) 周期(E): 2

趋势线名称

自动(A): 线性 (产量/亿吨)
自定义(C):

趋势预测

前推(F): 0.0 周期
倒推(B): 0.0 周期

设置截距(S) = 0.0
显示公式(E)
显示 R 平方值(R)

关闭

图4-8

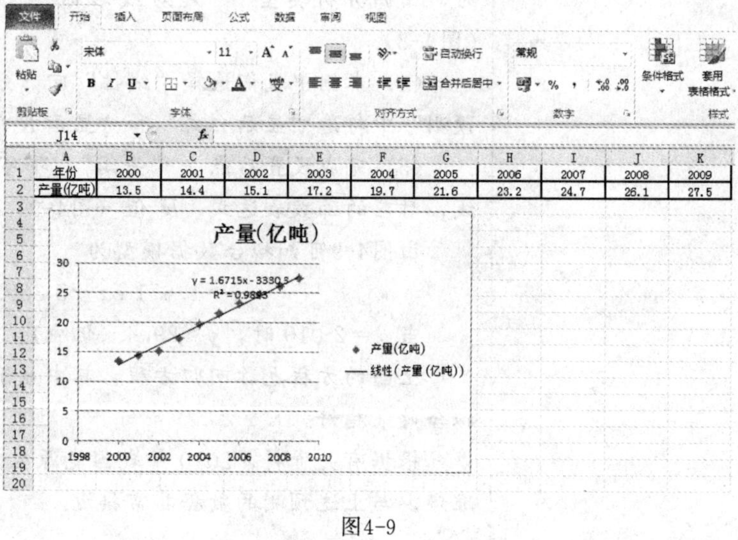

文件 开始 插入 页面布局 公式 数据 审阅 视图

粘贴 宋体 11 自动换行 常规 合并后居中 条件格式 套用表格格式

剪贴板 字体 对齐方式 数字 样式

J14

	A	B	C	D	E	F	G	H	I	J	K
1	年份	2000	2001	2002	2003	2004	2005	2006	2007	2008	2009
2	产量(亿吨)	13.5	14.4	15.1	17.2	19.7	21.6	23.2	24.7	26.1	27.5

产量(亿吨)

y = 1.6715x - 3330.5
R² = 0.9893

30 25 20 15 10 5 0

1998 2000 2002 2004 2006 2008 2010

产量(亿吨)
线性(产量(亿吨))

图4-9

例 2 某种汽车在某公路上的车速与刹车距离的数据见表4-13. 试建立两者之间的关系，并求当车速为 120 千米/小时的刹车距离.

表4-13 **车速与刹车距离表**

车速/(千米/小时)	10	15	30	40	50	60	70	80	90	100
刹车距离/米	4	7	12	18	25	34	43	54	66	80

解 在 Excel 工作表中输入数据后作散点图，发现散点呈递增趋势，则在选择趋势线类型时，分别添加"指数""幂""多项式"这三种趋势线. 结果如图4-10 所示.

根据显示的 R^2 值，选择多项式模型，即车速 x 与停车距离 y 之间的关系为

$$y=0.006\ 4x^2+0.125\ 6x+2.737\ 4$$

当 $x=120$ 时，$y\approx110$（米）.

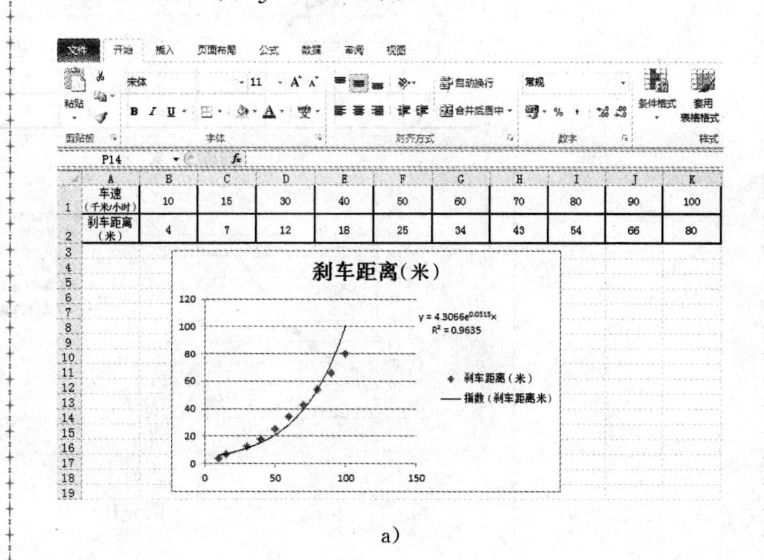

a)

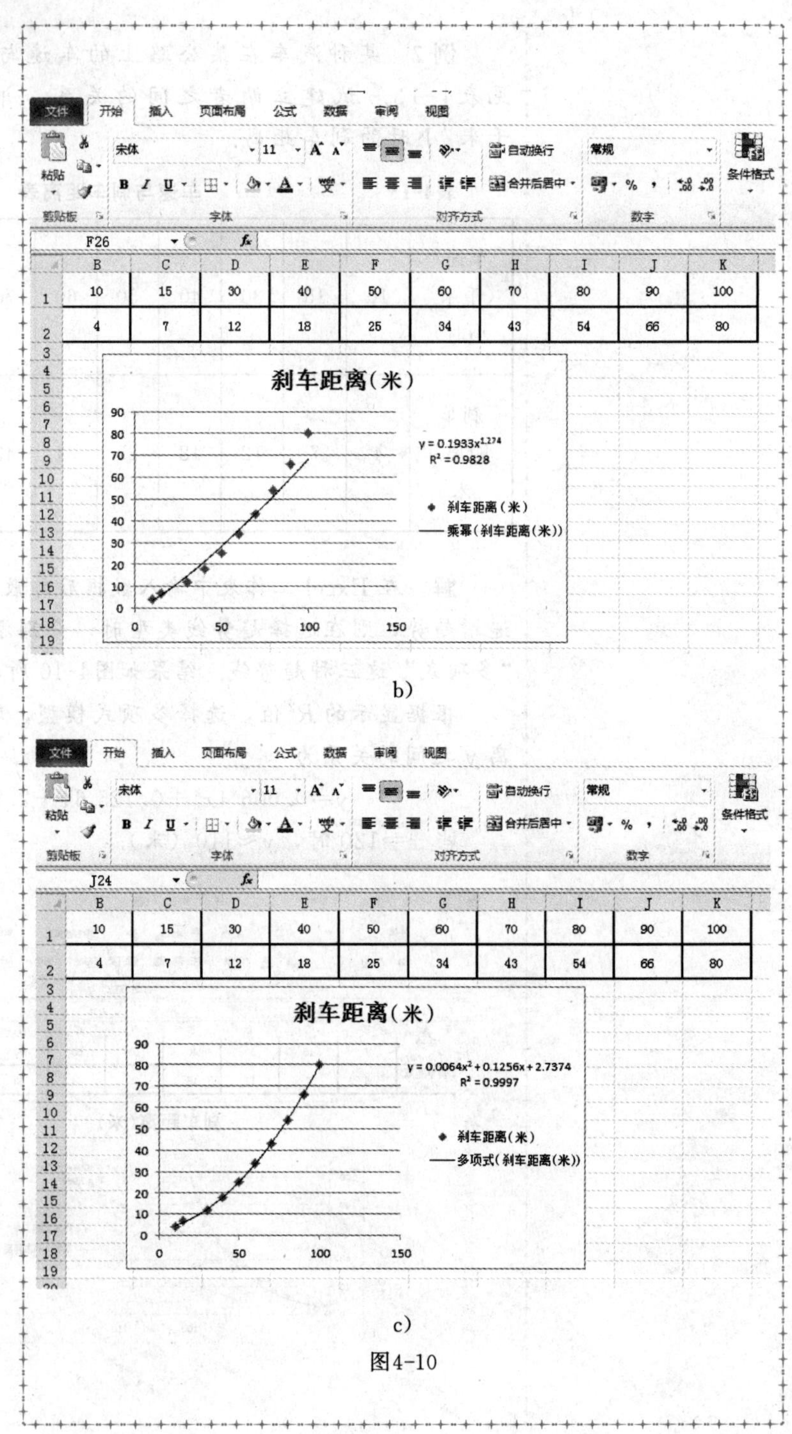

F26
B C D E F G H I J K
10 15 30 40 50 60 70 80 90 100
4 7 12 18 25 34 43 54 66 80
刹车距离(米)
y = 0.1933x^1.274
R² = 0.9828
刹车距离(米)
乘幂(刹车距离(米))
J24
B C D E F G H I J K
10 15 30 40 50 60 70 80 90 100
4 7 12 18 25 34 43 54 66 80
刹车距离(米)
y = 0.0064x² + 0.1256x + 2.7374
R² = 0.9997
刹车距离(米)
多项式(刹车距离(米))

b)

c)

图4-10

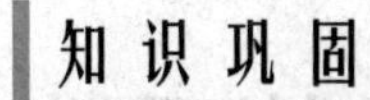

随着我国居民收入的提高，用于旅游消费的支出也在逐年增加，下表是2003年至2009年我国居民的旅游总花费（单位：亿元）. 请根据给出的数据，用Excel进行数据拟合，找出拟合度最好的函数关系式.

年份	2003	2004	2005	2006	2007	2008	2009
旅游总花费/亿元	3 442.3	4 710.7	5 285.9	6 229.7	7 770.6	8 749.3	10 183.7

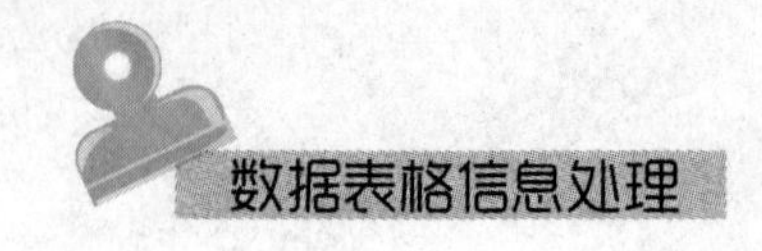

4.5 用 Excel 处理数据表格

Excel 具有制作表格、绘制图表、处理和分析数据等功能，本节将以表4-5与表4-6为例，学习制作和处理数据表格的方法.

制作表格

（1）新建 Excel 工作簿

方法一：点击桌面上菜单“开始”→“所有程序”→“Microsoft Office”→“Excel 2010”，即打开新工作簿“工作簿1”（图4-11）.

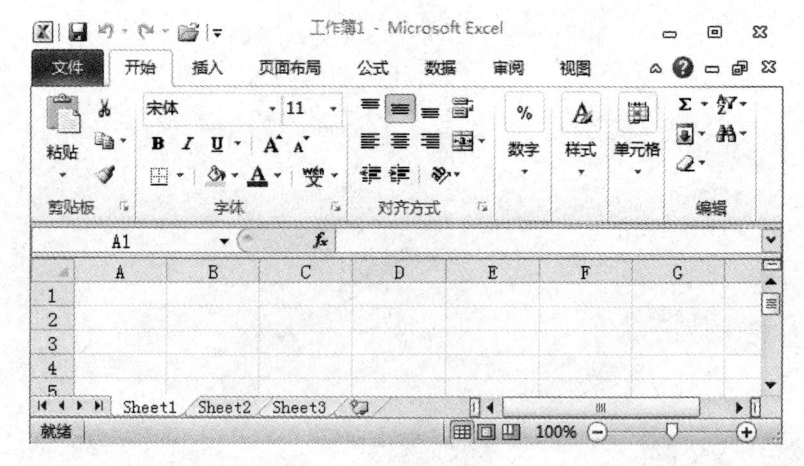

图4-11

方法二：在桌面或文件夹单击鼠标右键→“新建”→“Microsoft Excel 工作表”.

（2）输入数据

在工作簿“工作簿 1”的“Sheet1”工作表编辑区内选中单元格输入数据，用鼠标（或按“→”“←”“↑”“↓”键）移动光标至新的单元格输入数据，直至全部输入（图4-12）.

（3）修饰表格

选中 A1 单元格，按住左键拖动至 E1 单元格，单击右键选中“设置单元格格式”，进入单元格格式界面. 点击“对齐”选

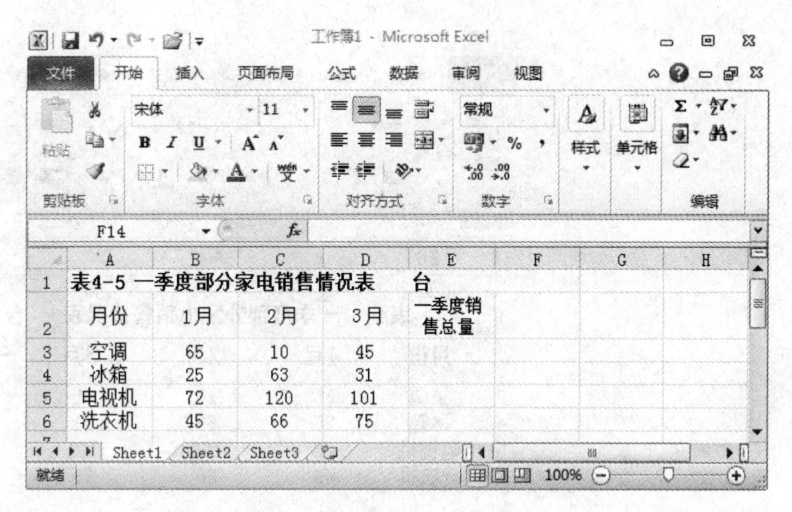

图4-12

项卡，设置“水平对齐”选项和“垂直对齐”选项为“居中”，在“文本控制”栏选中“合并单元格”（图4-13），然后点击“确定”.

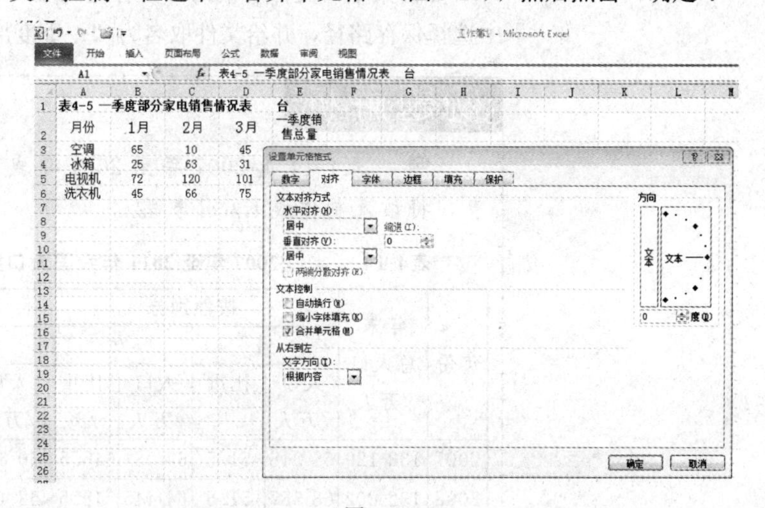

图4-13

选中 A2～E6 单元格，单击右键选中“设置单元格格式”，进入单元格格式界面. 点击“对齐”选项卡，设置“水平对齐”选项和“垂直对齐”选项为“居中”，然后点击“确定”，在设置单元格格式的“字体”选项卡中设置“字体”“字号”，单击工具栏“格式”中可设置“行高”“行宽”“列宽”“列高”得到图4-14 所示表格.

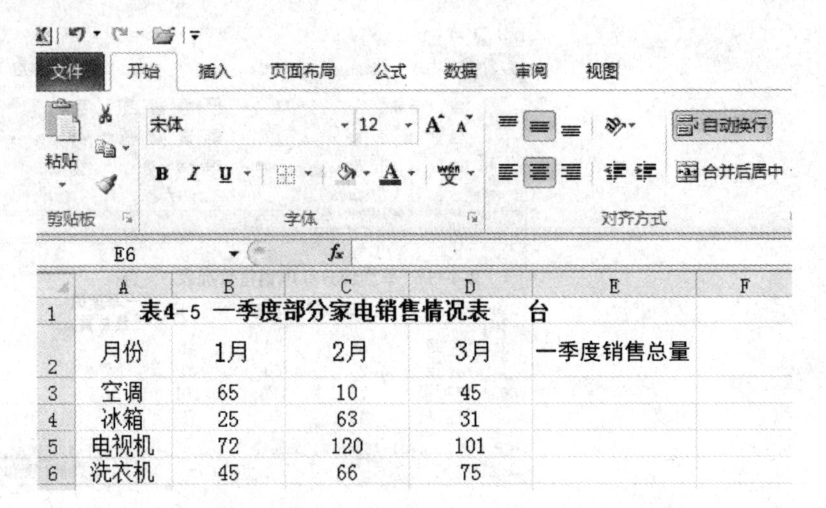

	A	B	C	D	E	F
1	表4-5 一季度部分家电销售情况表　台					
2	月份	1月	2月	3月	一季度销售总量	
3	空调	65	10	45		
4	冰箱	25	63	31		
5	电视机	72	120	101		
6	洗衣机	45	66	75		

图4-14

(4) 保存工作簿

点击菜单“文件”中的“另存为”命令，在“另存为”对话框中选择保存路径，并给文件取名为“一季度部分家电销售情况表”.

例题解析

例　表4-14是2007年至2011年我国人口数及构成情况表，将该表制作成Excel表格.

表4-14　　2007年至2011年我国人口数及构成情况

年份	年末总人口/万人	按性别分				按城乡分			
		男		女		城镇		乡村	
		人口/万人	比重/%	人口/万人	比重/%	人口/万人	比重/%	人口/万人	比重/%
2007	132 129	68 048	51.5	64 081	48.5	60 633	45.9	71 496	54.1
2008	132 802	68 357	51.5	64 445	48.5	62 403	47.0	70 399	53.0
2009	133 450	68 647	51.4	64 803	48.6	64 512	48.3	68 938	51.7
2010	134 091	68 748	51.3	65 343	48.7	66 978	49.9	67 113	50.1
2011	134 735	69 068	51.3	65 667	48.7	69 079	51.3	65 656	48.7

解　打开工作簿“工作簿1”建立工作表，并输入数据(图4-15).

对表号、表题、栏目进行合并单元格(图4-16).

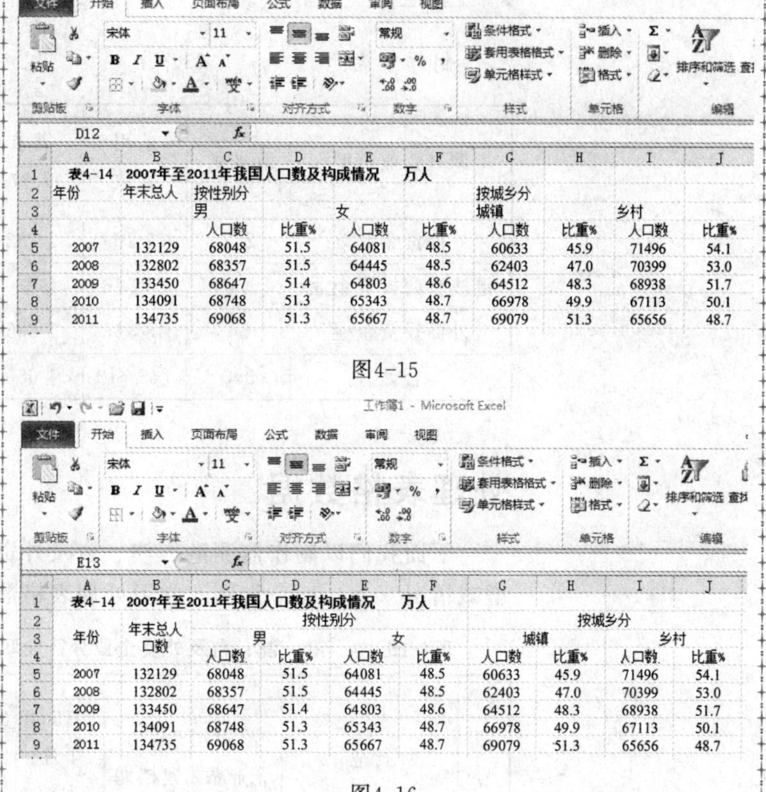

	A	B	C	D	E	F	G	H	I	J
1	表4-14 2007年至2011年我国人口数及构成情况 万人									
2	年份	年末总人	按性别分				按城乡分			
3			男		女		城镇		乡村	
4			人口数	比重%	人口数	比重%	人口数	比重%	人口数	比重%
5	2007	132129	68048	51.5	64081	48.5	60633	45.9	71496	54.1
6	2008	132802	68357	51.5	64445	48.5	62403	47.0	70399	53.0
7	2009	133450	68647	51.4	64803	48.6	64512	48.3	68938	51.7
8	2010	134091	68748	51.3	65343	48.7	66978	49.9	67113	50.1
9	2011	134735	69068	51.3	65667	48.7	69079	51.3	65656	48.7

图4-15

	A	B	C	D	E	F	G	H	I	J
1	表4-14 2007年至2011年我国人口数及构成情况 万人									
2	年份	年末总人口数	按性别分				按城乡分			
3			男		女		城镇		乡村	
4			人口数	比重%	人口数	比重%	人口数	比重%	人口数	比重%
5	2007	132129	68048	51.5	64081	48.5	60633	45.9	71496	54.1
6	2008	132802	68357	51.5	64445	48.5	62403	47.0	70399	53.0
7	2009	133450	68647	51.4	64803	48.6	64512	48.3	68938	51.7
8	2010	134091	68748	51.3	65343	48.7	66978	49.9	67113	50.1
9	2011	134735	69068	51.3	65667	48.7	69079	51.3	65656	48.7

图4-16

选择合适的字体、字号、行宽、行高、字符间距、单元格中数据的位置，得到图4-17.

	A	B	C	D	E	F	G	H	I	J
1	表4-14 2007年至2011年我国人口数及构成情况 万人									
2	年份	年末总人口数	按性别分				按城乡分			
3			男		女		城镇		乡村	
4			人口数	比重%	人口数	比重%	人口数	比重%	人口数	比重%
5	2007	132129	68048	51.5	64081	48.5	60633	45.9	71496	54.1
6	2008	132802	68357	51.5	64445	48.5	62403	47.0	70399	53.0
7	2009	133450	68647	51.4	64803	48.6	64512	48.3	68938	51.7
8	2010	134091	68748	51.3	65343	48.7	66978	49.9	67113	50.1
9	2011	134735	69068	51.3	65667	48.7	69079	51.3	65656	48.7

图4-17

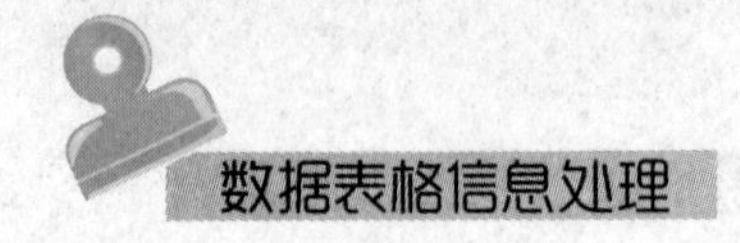

知识巩固 1

制作下表.

调查企业类型	企业数	当前用工人数	需求人数	需求与用工比/%	企业平均需求人数
内资企业	243	75 169	2 332	3.10	10
港澳台商投资企业	51	26 576	683	2.57	13
外商投资企业	56	43 965	1 635	3.72	29
合计	350	145 710	4 650	3.19	13

处理表格数据

下面我们以制作监测港、澳、台及外资企业分行业职工人数增减情况（表4-15）为例，学习处理表格数据.

表4-15　　港、澳、台及外资企业分行业职工人数增减情况

序号	行业	监测企业数	最初建档期	2015年4月人数	2015年5月人数	环比变化	环比变化幅度/%
1	C制造业	24	18 071	19 802	19 846	44	0.22
2	D电力、燃气及水的生产和供应业	1	185	188	188	0	0.00
3	H批发和零售业	8	3 086	2 324	2 311	－13	－0.56
4	I住宿和餐饮业	2	1 395	195	197	2	1.03
5	L租赁和商业服务业	1	65	64	61	－3	－4.69
总计		36	22 802	22 573	22 603	30	0.13

（1）数组的加法

选定“监测企业数”栏下的数组，点击工具栏中的“∑”，在 C8 单元格中可得到 5 个行业的“监测企业数”的总和. 选中 C8 单元格并按住填充柄拖至 F8，可得到“最初建档期”“2015 年 4 月人数”“2015 年 5 月人数”的总和（图4-18）.

监测港澳台及外资企业分行业职工人数增减情况表

序号	行业	监测企业数	最初建档期	2015年4月人	2015年5月人数	环比变化	环比变化幅度
1	C制造业	24	18071	19802	19846		
2	D电力、燃气	1	185	188	188		
3	H批发和零售	8	3086	2324	2311		
4	I住宿和餐饮	2	1395	195	197		
5	L租赁和商业	1	65	64	61		
总计		36	22802	22573	22603		

图4-18

（2）数组的减法

选中 G3 单元格并输入“＝F3－E3”，按回车键，得到“C 制造业”的“环比变化”. 选中 G3 单元格并按住填充柄拖至 G8 即可得到各行业及总计的“环比变化”（图4-19）.

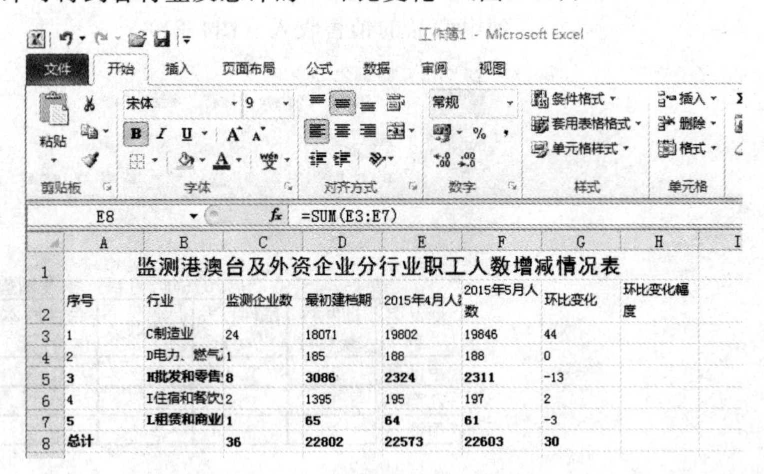

监测港澳台及外资企业分行业职工人数增减情况表

序号	行业	监测企业数	最初建档期	2015年4月人	2015年5月人数	环比变化	环比变化幅度
1	C制造业	24	18071	19802	19846	44	
2	D电力、燃气	1	185	188	188	0	
3	H批发和零售	8	3086	2324	2311	-13	
4	I住宿和餐饮	2	1395	195	197	2	
5	L租赁和商业	1	65	64	61	-3	
总计		36	22802	22573	22603	30	

图4-19

(3) 数组的数乘

选中单元格 H3，并输入“＝G3/E3”，按回车键即可得到“C 制造业”的“环比变化幅度”，选中 H3 单元格并按住填充柄拖至 H8 即可得到各行业及总计的“环比变化幅度”(图4-20).

工作簿1 - Microsoft Excel

文件 开始 插入 页面布局 公式 数据 审阅 视图

粘贴 宋体 11 常规 条件格式 套用表格格式 单元格样式 插入 删除 格式

剪贴板 字体 对齐方式 数字 样式 单元格

J14

	A	B	C	D	E	F	G	H
1	监测港澳台及外资企业分行业职工人数增减情况表							
2	序号	行业	监测企业数	最初建档期	2015年4月人	2015年5月人数	环比变化	环比变化幅度
3	1	C制造业	24	18071	19802	19846	44	0.22%
4	2	D电力、燃气	1	185	188	188	0	0.00%
5	3	H批发和零售	8	3086	2324	2311	-13	-0.56%
6	4	I住宿和餐饮	2	1395	195	197	2	1.03%
7	5	L租赁和商业	1	65	64	61	-3	-4.69%
8	总计		36	22802	22573	22603	30	0.13%

图4-20

(4) 数组的内积

用 Excel 求第 111 页第 2 题中甲、乙、丙三种商品的收入.

1) 新建 Excel 工作表，并输入第 111 页第 2 题中的数据.

2) 插入“销售收入”列.

3) 选中 D3 单元格并输入“＝B3＊C3”，按回车键，即可得到甲商品的销售收入 (图4-21).

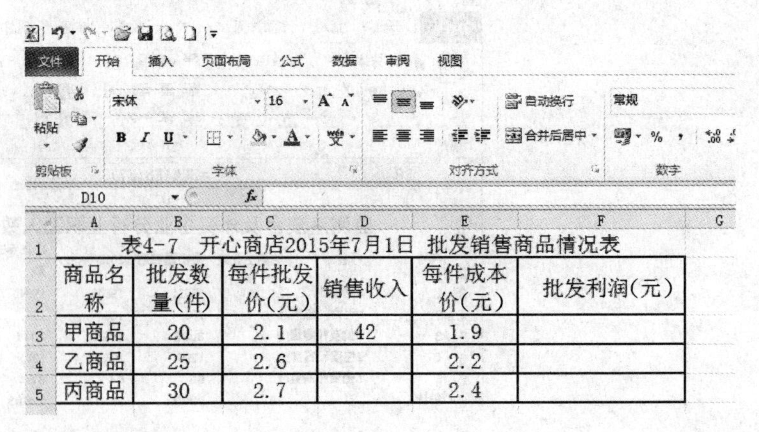

表4-7 开心商店2015年7月1日 批发销售商品情况表

商品名称	批发数量(件)	每件批发价(元)	销售收入	每件成本价(元)	批发利润(元)
甲商品	20	2.1	42	1.9	
乙商品	25	2.6		2.2	
丙商品	30	2.7		2.4	

图4-21

4）选中 D3 单元格并按住填充柄拖至 D5 单元格，即可得到甲、乙、丙三种商品的“销售收入”（图4-22）.

表4-7　开心商店2015年7月1日　批发销售商品情况表

商品名称	批发数量(件)	每件批发价(元)	销售收入	每件成本价(元)	批发利润(元)
甲商品	20	2.1	42	1.9	
乙商品	25	2.6	65	2.2	
丙商品	30	2.7	81	2.4	

图4-22

（5）除法运算

用 Excel 求第 111 页第 2 题中甲、乙、丙三种商品的批发利润率.

1）选中 F3 单元格并输入“＝ B3＊(C3－E3)”，按回车键即可得到甲商品的“批发利润”（图4-23）. 选中 F3 单元格并按住填充柄拖至 F5 单元格，即可得到甲、乙、丙三种商品的“批发利润”.

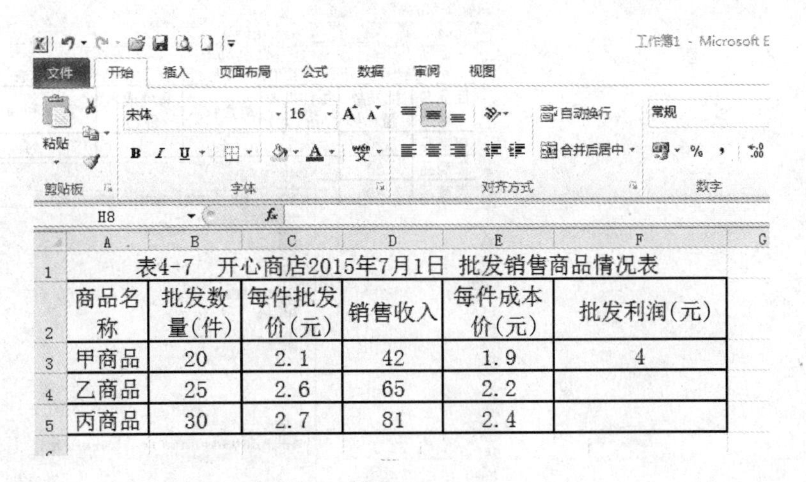

表4-7　开心商店2015年7月1日　批发销售商品情况表

商品名称	批发数量(件)	每件批发价(元)	销售收入	每件成本价(元)	批发利润(元)
甲商品	20	2.1	42	1.9	4
乙商品	25	2.6	65	2.2	
丙商品	30	2.7	81	2.4	

图4-23

2）插入“批发利润率（%）”列（图4-24）.

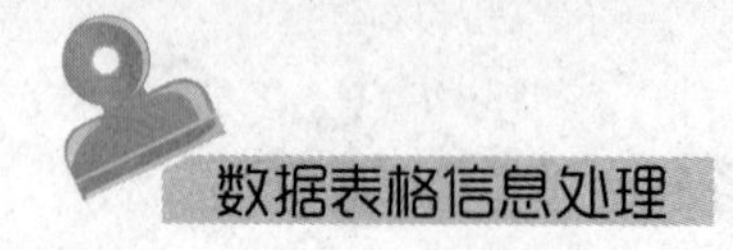

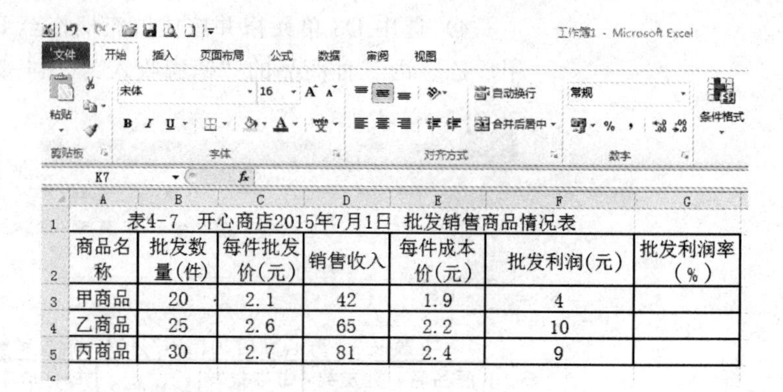

	A	B	C	D	E	F	G
1	表4-7 开心商店2015年7月1日 批发销售商品情况表						
2	商品名称	批发数量(件)	每件批发价(元)	销售收入	每件成本价(元)	批发利润(元)	批发利润率(%)
3	甲商品	20	2.1	42	1.9	4	
4	乙商品	25	2.6	65	2.2	10	
5	丙商品	30	2.7	81	2.4	9	

图4-24

3）选中 G3 单元格并输入“＝F3/(B3 * E3)”，按回车键即可得到甲商品的“批发利润率”.

4）再选中 G3 单元格，单击右键并在下拉菜单中点中“设置单元格格式”，并打开“数字”选项，选择“百分比”和合适的“小数位数”，点击“确定”（图4-25），即可得到甲商品的批发利润率.

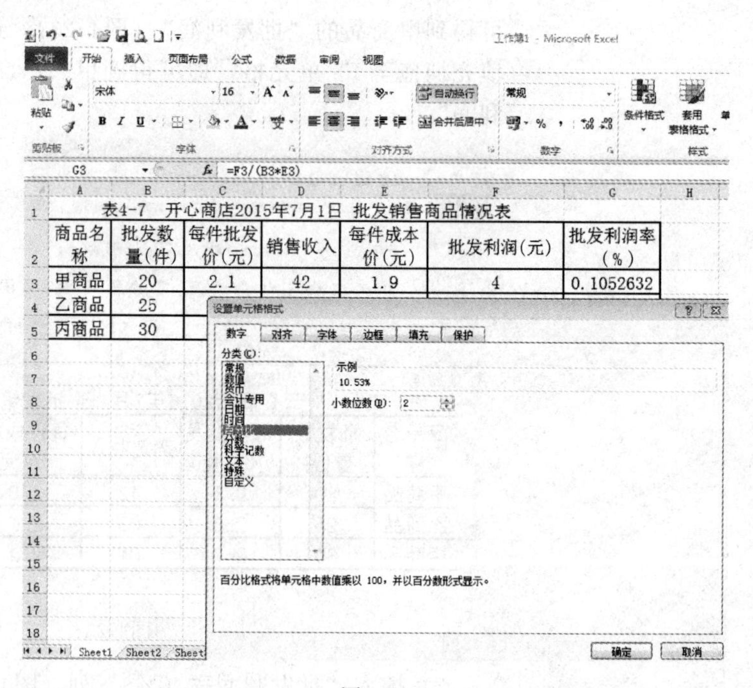

	A	B	C	D	E	F	G
1	表4-7 开心商店2015年7月1日 批发销售商品情况表						
2	商品名称	批发数量(件)	每件批发价(元)	销售收入	每件成本价(元)	批发利润(元)	批发利润率(%)
3	甲商品	20	2.1	42	1.9	4	0.1052632
4	乙商品	25					
5	丙商品	30					

图4-25

5）选中 G3 并按住填充柄拖至 G5 单元格，即可得到甲、乙、丙三种商品的“批发利润率”（图4-26）.

G3 =F3/(B3*E3)

表4-7　开心商店2015年7月1日　批发销售商品情况表

商品名称	批发数量(件)	每件批发价(元)	销售收入	每件成本价(元)	批发利润(元)	批发利润率(%)
甲商品	20	2.1	42	1.9	4	10.53%
乙商品	25	2.6	65	2.2	10	18.18%
丙商品	30	2.7	81	2.4	9	12.50%

图4-26

知识巩固 2

下表是 2011 年 10 月 24 日到 28 日一个交易周内的上证日成交额，若当月 21 日（周五）的日成交额为 437.3 亿元，求：

（1）这一周内的上证日均成交额和周成交额；

（2）这一周内的上证成交额的日涨幅和周涨幅（精确到 0.01％）.

日期	24 日	25 日	26 日	27 日	28 日
成交额/亿元	629.7	836.4	985.8	751	1 041.9

实践活动

收集本班同学的平时成绩、期末成绩，了解总评成绩计算方法，据此计算每位同学的总评成绩，并用图表分析成绩分布状况.

专题阅读

数据图表简介

数据图表是随着信息统计的需要而产生的，它较好地适应了现代社会信息统计的复杂性和多样性，能够更加直观地反映数据信息之间的内在关系，便于对信息进行抽象化分析研究．因此，数据图表被广泛地应用于自然科学、社会学、经济学、大众传播学等领域．

数据图表对时间、空间等概念的表达具有文字所无法替代的效果，具有准确性、可读性和艺术性．数据图表能够准确表达事物的内容、性质、数量等，表达的信息通俗易懂，便于传播，符合人们的欣赏习惯和审美情趣．

在经济社会活动中，人们为了适应显示、处理数据信息的需要，创建了各种各样的数据图表．除了四种最常用的基本型图表（饼图、直方图、折线图、散点图）以外，还有条形图、圆环图、雷达图、股价图等．此外，还可以通过图表间的相互叠加来形成复合图表类型．

条形图　条形图显示各个项目之间的比较情况，它既可以显示各个类型的数值，又可显示各个类别的每一数值所占总数值的百分比．

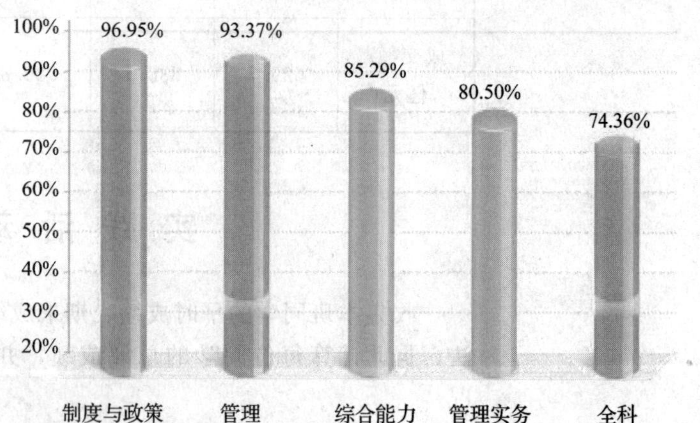

圆环图　圆环图类似于饼图，能够显示各个部分与整体之间的关系，但圆环图可以包含多个数据系列，即数据表中的多个行

或列，而饼图只能表示一个数据系列. 圆环图在圆环中显示数据，其中每个圆环代表一个数据系列，如下图的内环表示各分公司物流成本，外环表示各分公司物流收入.

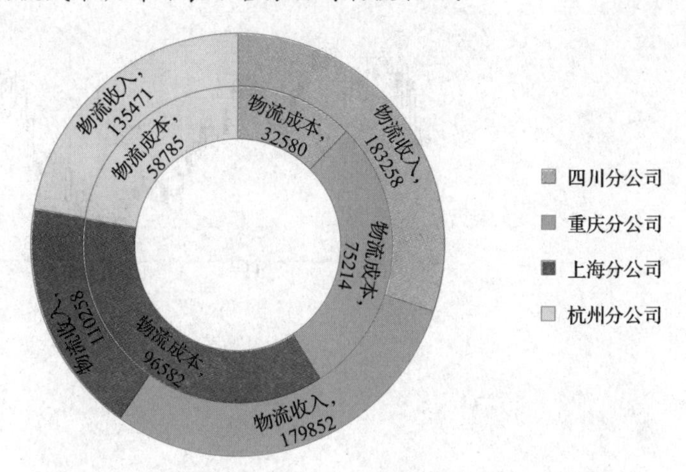

雷达图　雷达图又有人称之为戴布拉图、蛛网图. 雷达图可以进行多种项目的对比，反映数据相对中心点和其他数据点的变化情况，常用于多项指标的全面分析，使图表阅读者能够一目了然地看到各项指标变动情况和好坏趋向. 一般情况下，雷达图主要应用于企业经营状况——收益性、生产性、流动性、安全性、成长性等的评价. 上述指标的分布组合在一起非常像雷达的形状，因此而得名.

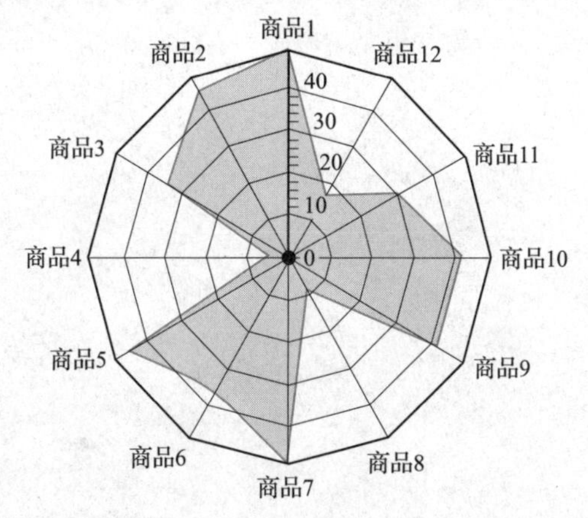

股价图　在证券交易行业称股价图为 K 线图、蜡烛图，主要用来记录、显示大盘指数或个股股价的波动情况，并根据其变化趋势预测大盘指数或个股股价的未来走势.

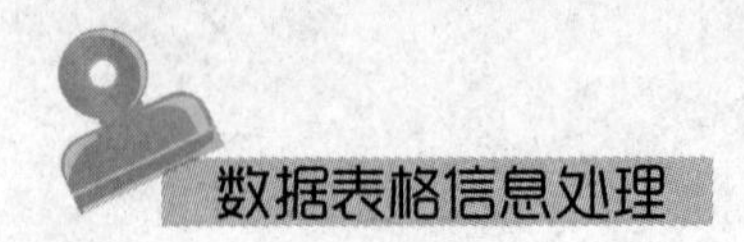

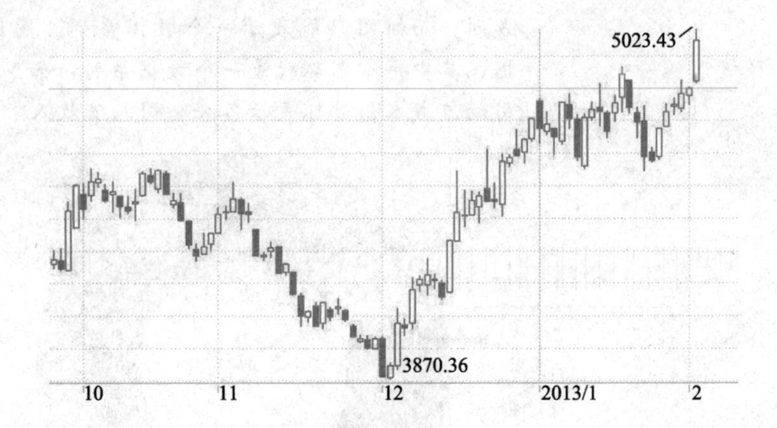
5023.43
3870.36
10
11
12
2013/1
2